天地創造説の信奉者たちは、ダーウィンの進化論を否定するような古い時代の人骨が発見されることを切に願っている。しかし今のところ、どんな化石からもダーウィンの基本理論を覆すような証拠はひとつも見つかっていない。

Japanese translation published by arrangement with
Walker Publishing Company, a division of
Bloomsbury Publishing Inc. through The English Agency (Japan) Ltd.

進化論の世界

生き物たちの歴史物語

ジェラード・チェシャー 著

駒田 曜 訳

あらゆる形の生命に畏敬の念を抱くすべての人へ

編集を担い助言を与えてくれたピーター·スプリング、13、15、19、51、53、55、57頁のグラフィックを担当してくれたウィリアム·スプリング、17、23、47頁の絵を描いてくれたクリス·テイラー、11、45頁のイラストを描いてくれたダン·グッドフェロー、43頁の漫画を描いてくれたマット·トウィード、編集·デザイン·全体の総指揮を担ってくれた Wooden Books 編集部のジョン·マーティノーに感謝の意を表する。

推奨参考文献:

Blackmore, S., *The Meme Machine*, Oxford University Press（1999）
〔S·ブラックモア『ミーム·マシーンとしての私』垂水雄二訳、草思社、2000〕.

Conway Morris, S., *Life's Solution, Inevitable Humans in a Lonely Universe*, Cambridge University Press（2003）〔S·コンウェイ＝モリス『進化の運命－孤独な宇宙の必然としての人間』遠藤一佳·更科功訳、講談社、2010〕.

Dawkins, R., *The Selfish Gene*, Oxford University Press（1976,1992）
〔R·ドーキンス『利己的な遺伝子』日高敏隆·岸由二·羽田節子·垂水雄二訳、紀伊國屋書店、1991〕.

Dawkins, R., *The Blind Watchmaker*, Longman Scientific & Technical Ltd.（1986）
〔R·ドーキンス『盲目の時計職人』日高敏隆監修、早川書房、2004〕.

Distin, K., *The Selfish Meme. A Critical Reassessment*, Cambridge University Press（2005）.

Darwin, C.,（Wilson, E. O. ed), *From So Simple A Beginning. The Four Great Books of Charles Darwin*, W. W. Norton & Company Ltd.（2006）.

Gardner, J., *Biocosm*, Inner Ocean（2003）
〔J·ガードナー『バイオコスム—生物学と宇宙論の来たるべき融合』佐々木光俊訳、白揚社、2008〕.

Gee, H., *Deep Time: Cladistics. The Revolution in Evolution*, Fourth Estate（2000）.

Mayr, E., *What Evolution Is, Phoenix*; Orion Books Ltd.（2002）.

Rees, M., *Just Six Numbers*, Phoenix（2000）
〔M·リース『宇宙を支配する6つの数』林一訳、草思社、2001〕.

Ridley, M., *Genome*, Fourth Estate（1999）
〔M·リドレー『ゲノムが語る23の物語』中村桂子·斉藤隆央訳、紀伊國屋書店、2000〕.

Ridley, M., *The Red Queen, Sex and the Evolution of Human Nature*, Penguin（1994）
〔M·リドレー『赤の女王—性とヒトの進化』長谷川真理子訳、翔泳社、1995〕.

もくじ

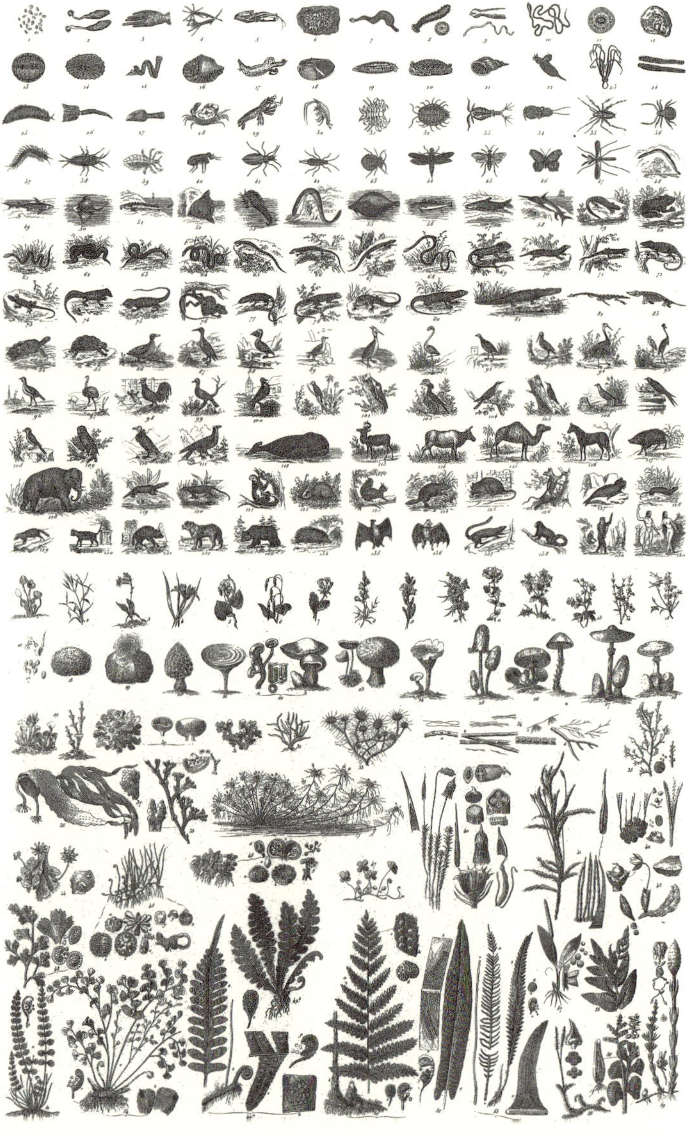

はじめに

創世神話を持たない民族は世界中捜してもほとんどない。アメリカ先住民のイロコイ族は、世界と万物が「空の人々」によって創造されたと信じている。今日でも、なんらかの「神」がこの世を造ったと真剣に信じている人は多い。

この小さな本には、過去1世紀半にわたって世界中の何十万人もの植物学者、動物学者、化学者、生物学者がさまざまな研究結果を付き合わせて組み上げた現代の「創造譚」をめぐる驚くべき物語が綴られている。神話を彩るシンボリズムや理屈抜きで与えられる宗教的な「教え」は出てこないかわり、いたるところで難しい専門用語に出くわすことになるだろう。1859年にチャールズ・ダーウィンが初めて進化論を世に問うた時に、読者を怖れさせたのと同様の物語が語られることになる――細菌がミミズのような形の生物になり、それが魚類になり、魚類が爬虫類に、爬虫類が齧歯類になり、そこから猿になり、ヒトになり、ヒトがアフリカを旅立って、あなたになった、という話である。

多くの創造神話と同様に、空想の産物のように聞こえるに違いない。よくできた小説と似て、この物語には性、死、家族の苦闘、思いやり、友情などが詰まっている。つい最近この物語について知ったばかりの人もいるだろうし、まったくの初耳だという人もいるだろう。なにしろ、今ようやく、細部が新たな知見で埋められつつあるのだ。物語はまだ未完である。地殻の内部に熱く燃える球を包み込んだこの惑星で、今われわれは共に地上に生きる他の生物を大規模に絶滅へ向かわせている。われわれがこの絶滅の時代を生き延びることができたとして、その時には人類は今とは違うものになっていることだろう。

生命の大家族

霧に射し込む幾筋かの光

かつては霧のようにあやふやな多くの考え方がただよっていた。その中で、風変わりなひとつの新しい概念が時折ひょっこりと顔をのぞかせた。その説は、人間や他の生物はいきなりその形で創造されたのではなく、生物学的な適応――進化――を通じて登場したのだと語った。

1735年に『自然の体系』を出版したカール・リンネ(1707–78)は、それまでの"動き方による動物分類"に代えて、今も使われている界・門・綱・目・科・属・種の分類体系を提唱した。動物や植物のさまざまな「科」は共通の先祖から進化したか、あるいはひとつの科が別の科から分かれたように見えたので、1800年代になると学者たちはそれがどのように起こったのか解明しようと努力した。1809年、ジャン=バティスト・ラマルク(1744–1829)が、さまざまな種はそれが獲得した形質を通じて進化したのであり、従ってごく小さな(しばしば有用な)変化がその代のうちにある形を作り上げ(例えばテニス選手の腕の筋肉が発達するように)、それが後の世代に伝わる、と述べた。この説は人気を博したが、大きな欠点を持っていた。子はしばしば親と大きく異なっており、もっと重要なことに親が後天的に獲得した形質(怪我の跡や増えた筋肉)は次の世代には伝わらなかったのである。

ラマルクの理論ではうまく説明がつかなかった。そこには何かが欠けていた。

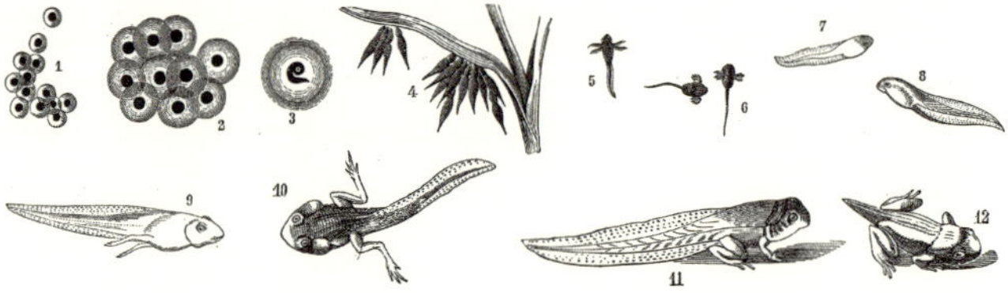

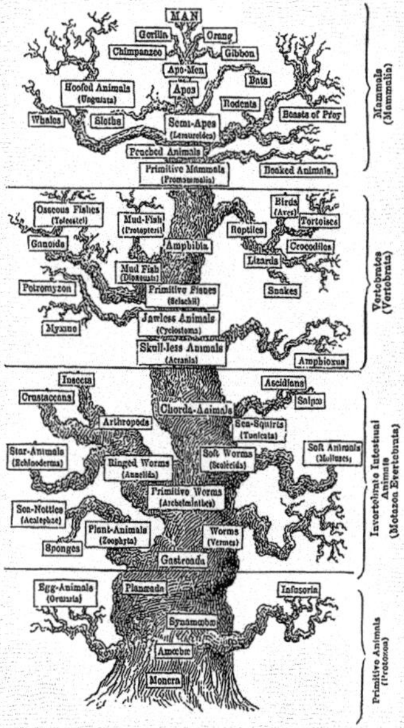

左:リンネ理論にもとづく初期の生命の木(系統樹)。それぞれの界が階層的に示され、一番上にヒトを頂点とする哺乳類がある。科学的分類へ向けてひとつの壁を破ったリンネ分類ではあったが、この初期のバージョンではまだ中世の「存在の鎖」からさほど遠くない。「存在の鎖」は神を頂点として天使、人間、動物、植物、鉱物へと下がっていく魂の序列で、上位の界は下位に優り、下位を支配する力を持つとされた。

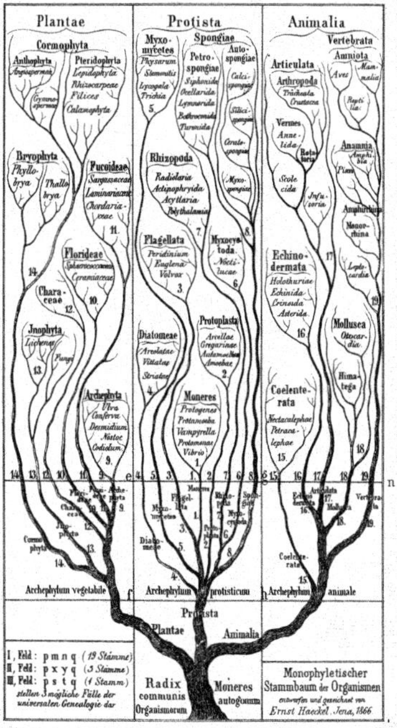

右:エルンスト・ヘッケルが1866年に描いた生命の系統樹。生物を植物、動物、原生生物(他の真核生物界にうまくあてはまらないさまざまな真核生物・多細胞生物)という3つの大きなグループに分けている。ヘッケルはこの図の作成の際に「原生生物」という用語を作った。現代の分類は、この図とはいくつか重要な違いがある(例えば、現在は菌類は独立した界をなすと考えられている)。現代の生命系統樹は本書の後の方(50~58頁)を参照。

偉大なる着想

食べる、産む、適応する、次の世代に伝える

25年にわたってさまざまな種の生物を収集し、種の間の違い――特にフジツボ――を研究したチャールズ・ダーウィンは、1859年、自然選択による進化という理論を発表した。これはラマルクの説とはっきり異なる見解だった。環境は常に変化し続けるものであり、生まれてくる子の特徴がさまざまに異なるということは、多くの子の中で他よりわずかに適応度が高いものを自然が選択することを可能にするのではないかとダーウィンは述べた。小さな利点をもたらす小さな相違が何世代も積み重なって大きな相違となり、新たな種にさえなっていく。1864年、この考え方をあらわすためにハーバート・スペンサー（1820–1903）が「適者生存」という言葉を作り出した。

ダーウィニズムはラマルキズムに取って代わったが、当時はまだダーウィン本人も含めて誰ひとり、自然選択が働く前提となる個体のバリエーションが生じるメカニズムを実証的に説明できなかった。ダーウィンは「ジェミュール gemmule」という粒子が生物学的な性質の伝達を担っていると考えたが、これは（その頃まだ彼自身は知らなかったが）メンデルの考え（8頁）に多くの面で似ていた。

ダーウィンの理論はまた、人間は類人猿と同じ祖先から進化したことを示唆していた。当時としては革命的な概念で、彼の進化論はそれまでの“宇宙における人間の位置づけ”に疑問を投げかけ、長年信じられてきた「創造とは何か」の本質に挑戦するものだった。

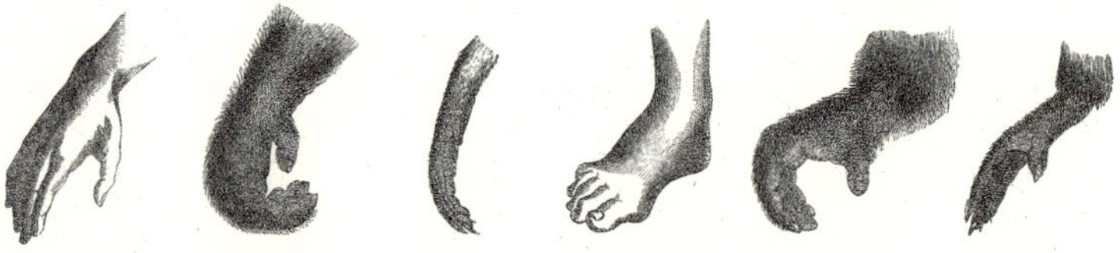

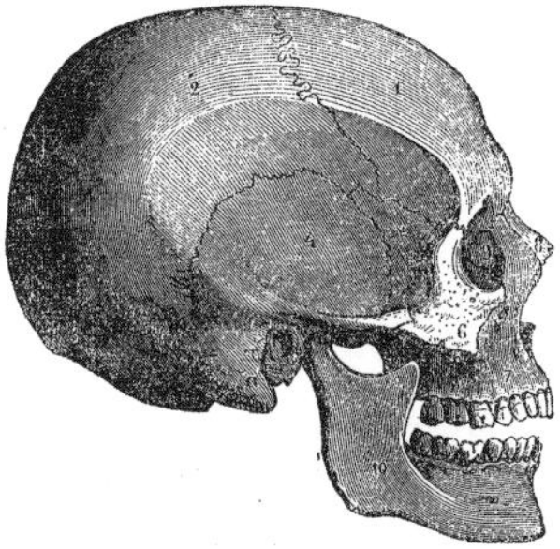

ヒトの頭蓋骨

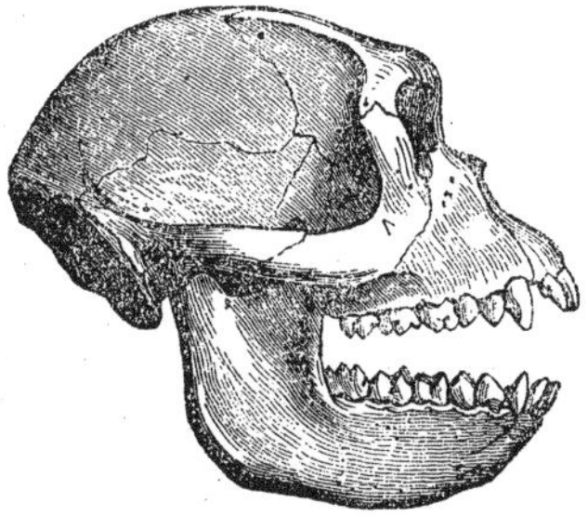

チンパンジーの頭蓋骨

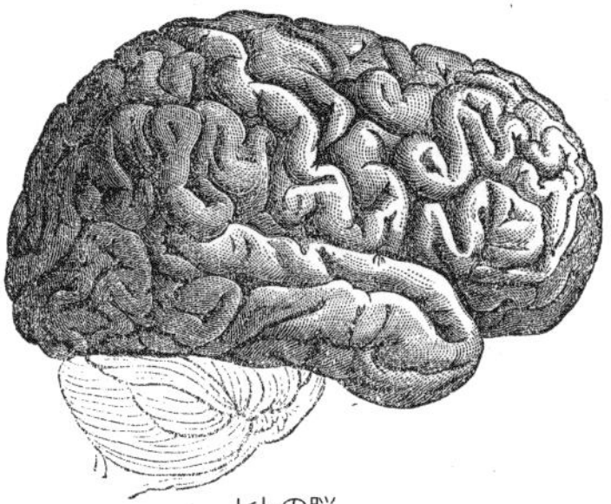

ヒトの脳

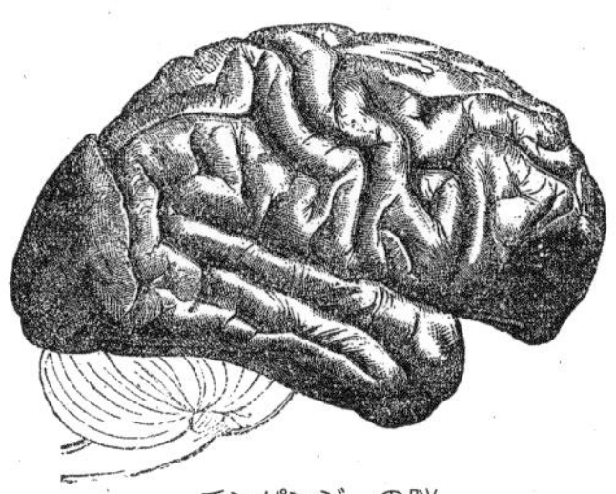

チンパンジーの脳

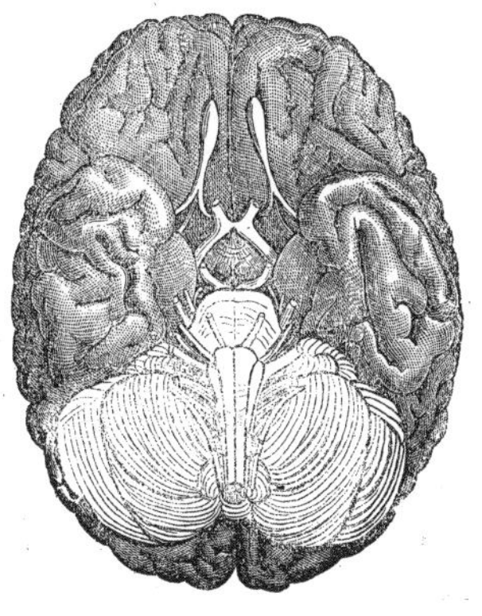

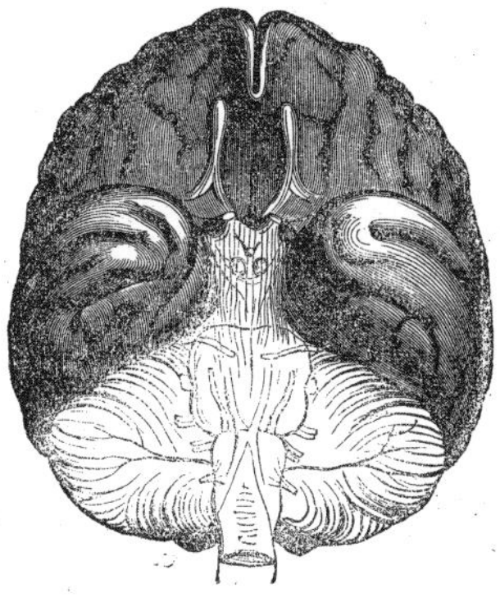

左頁下とこの頁上:人間とチンパンジーの驚くほどの類似は、両者が非常に近い関係にあること、ヒトが類人猿の1種であることを示唆していた。ダーウィン時代以来、この点を支持する証拠はいくつも出てきたが、否定する証拠は見つかっていない。

生きた証拠

行き詰まる理論

ダーウィンは進化論を裏付けるため、実際の進化が起こった重要な例を見つけ出した。そのひとつは人為的選択である。人間は特定の個体群の中で選択を重ねることによって、野生植物の栽培品種化や動物の家畜化を行ってきた。人間が入念にかけ合わせ、育種して、望ましい特性を持つイヌやネコやウマやハトやニワトリを作り出した（右頁上）のは、野生の世界で自然が行ってきたことと同じだ、とダーウィンは指摘した。

ダーウィンは帆船ビーグル号での航海（1831–36）の間に、わずかに異なる環境条件に適応するために変化したと思える近縁種のグループを見つけていた。1835年にガラパゴス諸島でその地域だけの特殊な爬虫類と鳥類を調査した彼は、島ごとに特異な種のゾウガメ（右頁下）とフィンチ（下）がいることを知った。これは、共通の祖先を持つ個体群が島という環境で互いに隔離され孤立し、そこに自然選択が働いて独自の変化がもたらされたことを示している、と彼は考えた。

しかしまだ2つの問題が残っていた。第一に、ダーウィンは横方向の進化を示して見せただけで、縦方向の進化はまだ手つかずであった。種はあるテーマに適応して変化しうるが、カメはカメのまま、であり鳥は鳥のまま留まり、ダーウィンの説にはまだ「まったく新しいタイプの動物や植物がどうやって出現したか」の説明はなかった。第二に、彼はこの変化の背後にどういうメカニズムがあるかを解明できていなかったのである。

上:畜牛。人間による選択的なかけ合わせで、異なる特性を持つ何百もの新品種が作り出された。乳牛、肉牛、暑い地域向きの品種もあれば寒冷地向きのものもある。ニワトリも、産卵用や食肉用として選択的に品種改良されてきた。ダーウィンは人為的な選択のプロセスをより深く理解するために自宅でハトを飼い、個体の間のわずかの違いがどれほど急速に後の群れ全体に受け渡されていくかを直接的に把握した。

左:ガラパゴス諸島のゾウガメ。諸島全体で現在11種が存在する。どの種も同じ祖先から分かれたと考えられる。サボテン以外の植物がわずかしかない乾燥した島では、首が長く背の高いカメの方が首の短い仲間より有利になる。他方、サボテンは背が高いほど食べられにくいので、乾燥した島ではさらに高く成長する。進化の軍拡レースである。ゾウガメは、皮膚に付くダニをフィンチ(左頁)に食べてもらう。これは双方にとって好都合な共生関係の一例である。

不遇の修道士

エンドウマメの謎解き

ダーウィンが自説のメカニズムについて考えていた頃、モラヴィアの修道士グレゴール・メンデル(1822–84)はすでに何年も遺伝の実験を続けていた。遺伝は数学的に予測可能ではないかと直感したメンデルは、1856年にエンドウマメの交配と栽培を始めたのである。彼は1865年までに2万9000株の個体を調べ、対になる形質(丸いマメと皺のあるマメ、背の高い株と低い株など)を厳重に管理して交配すると、出現する形質の比率を正確に予測できるという証拠を充分に集めた。例えば、純系の「背の高いエンドウマメ」と「背の低いエンドウマメ」を交配し、できたマメを育てるとすべて背の高い株になる。しかしそれらを互いに交配させると、次の世代では再び背の低いものが現れ、背の高い株と低い株の比率は3:1になる。メンデルは2個で1組の粒子(現在は対立遺伝子と呼ばれる)が働いており、片方が優性でもう片方が劣性であると結論づけた(右頁上)。

メンデルは正しかった。今では他の種(キンギョソウなど)では赤い花と白い花の交配で不完全優性が見られることもわかっている(右頁下)。また、共優性といって対立遺伝子のどちらも劣性ではない場合もある。その良い例がABO血液型で、***A***、***B***、***o*** という3つの対立遺伝子が血液型を決めている。***o*** は ***A*** と ***B*** のどちらに対しても劣性であり、***A*** と ***B*** は互いに共優性である。両親から1つずつ対立遺伝子が伝わるので、子の血液型は A(***AA***, ***Ao***)、B(***BB***, ***Bo***)、AB(***AB***)、O(***oo***)のいずれかになる。現代のわれわれは、第9番染色体上の1塩基の違いがOとAの差を生むことも知っているが、染色体については後でまた触れよう。

メンデルの研究はダーウィンの耳に入ることなく終わり、その真価が認められるのはようやく1900年にウィリアム・ベイトソン(1861–1926)が注目してからであった。

優性と劣性

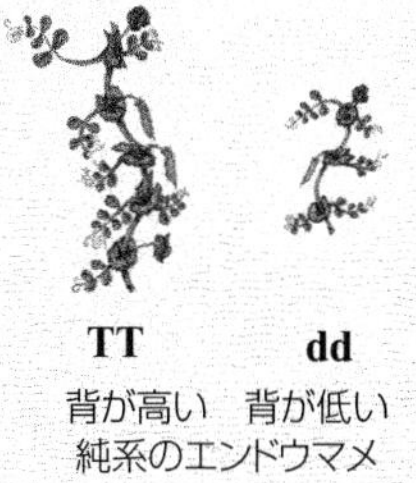
TT
dd
背が高い
背が低い
純系のエンドウマメ

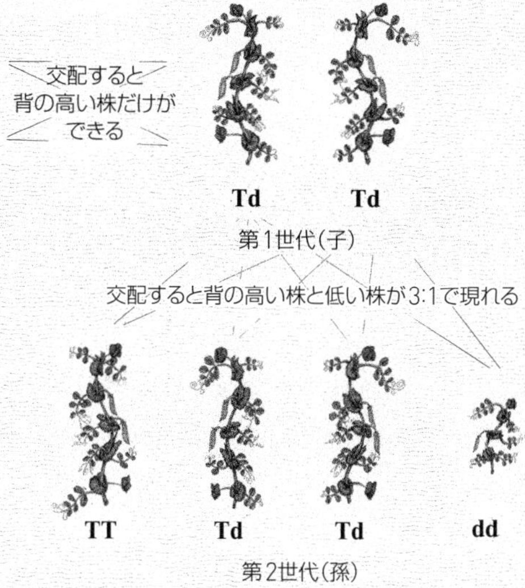
交配すると
背の高い株だけが
できる
Td
Td
第1世代(子)
交配すると背の高い株と低い株が3:1で現れる
TT
Td
Td
dd
第2世代(孫)

メンデルのエンドウマメの実験。純系の個体の"対になる粒子"が**T-T**(背が高い、優性)と**d-d**(背が低い、劣性)であれば、次の世代はすべて**T-d**で背が高くなる。その次の世代では**T-T**、**T-d**、**d-T**、**d-d**が同じ割合で発生するが、**T**が優性なので背の高い株と背の低い株の比率は3:1になる。

不完全優性

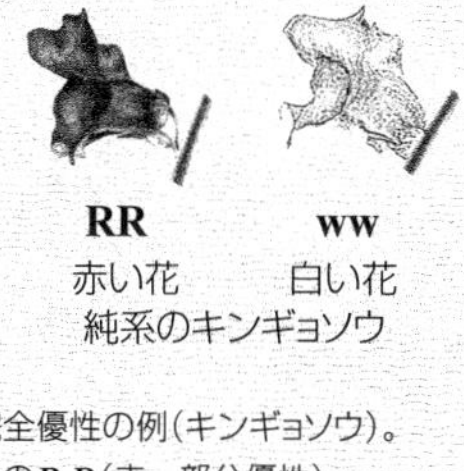
RR
ww
赤い花
白い花
純系のキンギョソウ

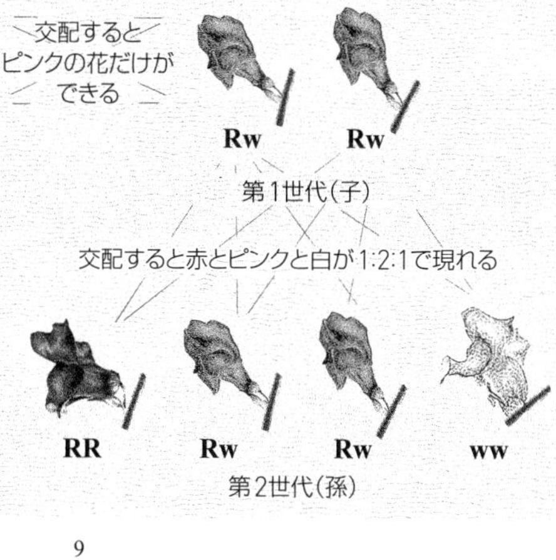
交配すると
ピンクの花だけが
できる
Rw
Rw
第1世代(子)
交配すると赤とピンクと白が1:2:1で現れる
RR
Rw
Rw
ww
第2世代(孫)

不完全優性の例(キンギョソウ)。純系の**R-R**(赤、部分優性) **w-w**(白、劣性)から生まれるのはすべて**R-w** (ピンク)である。このピンクから生まれる次の世代には、赤とピンクと白が1:2:1で現れる。

染色体

遺伝子とDNA

19世紀末、研究者たちは進化のメカニズムの謎を解く鍵を求めて、顕微鏡で細胞核を調べはじめた。そして、核の中に見える縞模様の丸っこいものに染色体という名をつけた。やがて細胞の分裂（有糸分裂）や配偶子の生成（減数分裂）や受精の観察から、染色体が組織立った挙動を示すことが判明する。間もなく、この染色体が遺伝の粒子の糸として遺伝情報を運んでいるのではないかと考えられるようになった。1920年代までに、染色体の中の黒い糸は塩基／糖／リン酸からなるヌクレオチド、すなわちデオキシリボ核酸（DNA）であることが判明した。このDNAの特殊な二重らせん構造が発見されたのは1953年である。

DNAは4文字からなる生命のコード記号で、地球上のすべての生命に共通している。つまり、あらゆる生命体はまったく同じやりかたでこのコードを使っている。染色体の数は種によって違うが（右頁上）、すべての動物のすべての細胞にはそれぞれの染色体が2セット――母親由来のものと父親由来のもの――含まれており、すべての染色体上には、遺伝子と呼ばれるDNAの特別な“領域”が間隔をおいて存在している。

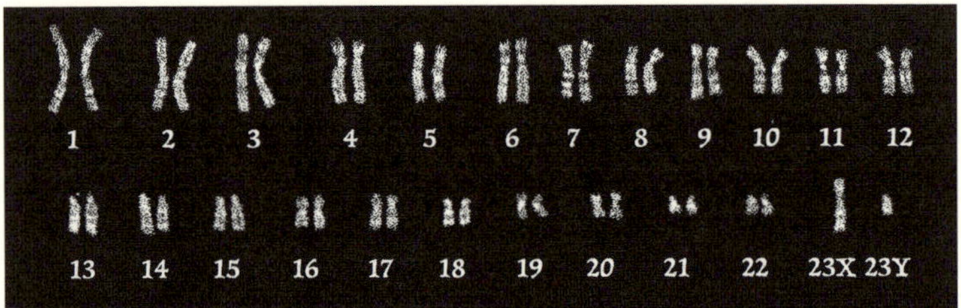

ヒトゲノムの23対の染色体。どの細胞核にも、それぞれの染色体が“対で”存在する。2本のうち片方は父親から、もう片方は母親から受け継いでいる。Y染色体が1つあるとその人は男性になる。

動物		植物	
3 カ(蚊) 6	28 ゾウ 56	7 ペチュニア × 2,14	12 ジャガイモ × 4,48
4 ショウジョウバエ 8	30 ヤギ 60	7 エンドウマメ × 2,14	12 トマト × 2,24
6 イエバエ 12	32 アルマジロ 64	7 レンズマメ × 2,14	12 コメ × 2,24
12 サンショウウオ 24	32 モルモット 64	7 ライムギ × 2,14	12 コショウ × 2,24
13 ヒョウガエル 26	32 フクロネズミ 64	7 ヒトツブコムギ × 2,14	14 ブラムリーアップル × 3,52
16 アメリカワニ 32	32 ヤマアラシ 64	7 デュラムコムギ × 4,28	17 リンゴ × 2,34
20 トガリネズミ 40	35 ラクダ 70	7 コムギ × 6,42	20 ダイズ(大豆)× 2,40
20 リス 40	37ニワトリ 74	8 アルファルファ × 4,32	24 タバコ × 2,48
22 コウモリ 44	39 イヌ 78	9 レタス × 2,18	41 ユリ × 2,82
22 ネズミイルカ 44	41 シチメンチョウ 82	10 トウモロコシ × 2,20	630 シダ × 2,1260
23 ヒト 46	66 カワセミ 132	11 マメ × 2,22	
27 カタツムリ 54	104 タラバガニ 208	11 リョクトウ(緑豆)× 2,22	

いろいろな動物·植物の染色体数。動物はすべて二倍体で、どの細胞核にも染色体が2セット含まれている。例えばコウモリは22本の染色体からなるセットを父親と母親からもらっているので、細胞の中には44本の染色体がある。植物では、倍数体といって二倍に限らずそれ以上のセットを持つものがありうる。三倍体(通常は交配によって生まれ、繁殖力がない)、四倍体、さらには六倍体すらある。

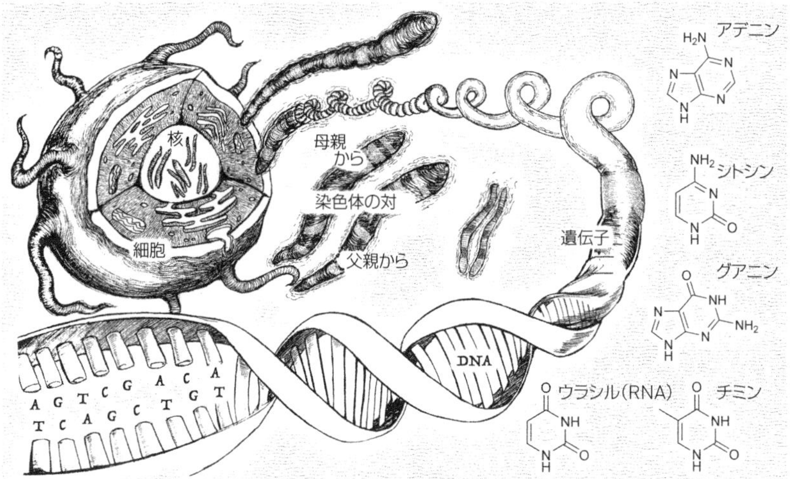

染色体は核の中にあり、DNAでできている。DNAの二重らせん構造はねじれたハシゴに似ており、わずか4つの塩基の組み合わせで構成される。アデニン(A)はつねにチミン(T)と結合し、グアニン(G)はシトシン(C)と結合する。DNAは"二元性の2倍"ないし"四元性"と呼びうる形で情報を保存しており、2本のストランド(らせんの糸)は互いの完全な転写になっている。各染色体には数千個の遺伝子が間隔をあけて並んでおり、遺伝子と遺伝子の間には遺伝コード記号ではない非コードDNAが繰り返し現れてスペースを作っている。

生命の書

4つの文字、20の単語

種のゲノムとは、その種の染色体に含まれるDNAの全配列のことである。ヒトのゲノムは聖書1000冊分の長さにも及ぶ料理レシピ本のようなもので、23章（23の染色体）に分かれていて、どの章にも数千のレシピ（遺伝子）が記されている。各レシピはひとつのタンパク質の作り方を示しており、それを書くための単語（コドン）は20語、その単語を構成する文字（塩基）はたった4つである。レシピには広告部分（イントロン）が含まれ、最終的にできるコピー（エクソン）からは消し去られる。

2000年にヒトゲノムが解読された際、科学者たちは遺伝子同士の間に意味不明な言葉が何ページもはさまっているのを知って驚いた。こうした非コードDNA（ジャンクDNA）のうち一部は大昔に壊れた遺伝子に由来し、一部は転写エラーが繰り返された結果である（DNAはTATATATAのような同じ記述の繰り返しを転写する際に数を間違えることがある）。また死んだレトロウイルスによる部分もある（レトロウイルスは逆転写酵素を使って自分のRNAを宿主のDNAにコピーして、その一部となる）。レトロウイルスに由来する別のグループの遺伝子寄生として、“ジャンピング遺伝子”もある。これは意味のない短い文字列で、ほとんどすべての遺伝子中にイントロンとして存在し、（逆転写酵素を使って）「どこにでもコピーして」と叫んでいる。このたちの悪い小さなデータバグは、今ではわれわれのDNAのおよそ4分の1を占めている。ちなみにDNAの中で“本物の”遺伝子はわずか3%である。

非コードDNAにも役目がある。遺伝子同士の間のスペースを作って、転写が間違いなく行われる助けとなるほか、「乗換え」（14頁）の際に遺伝子が壊れるのを防ぐ働きをする。非コードDNAも、隣接する遺伝子の転写を促進したり抑制したりして遺伝子の発現を調整する力を持っているのである。

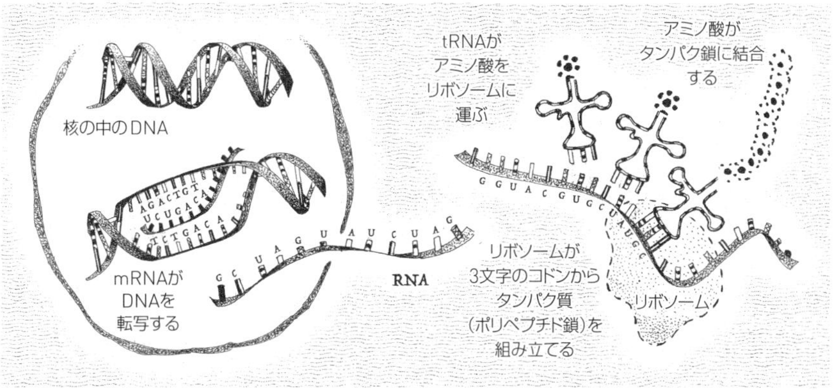

核の中のDNAはアデニン(A)ーチミン(T)、グアニン(G)ーシトシン(C)という結合でできている。このDNAがほどけて、伝令RNA(mRNA)に転写される。mRNAはDNAと同じ配列になるが、チミンがウラシル(U)に置き換えられる。この転写ユニットは3文字の単語として読み取られる。3文字の単語はそれぞれ1つのアミノ酸の暗号コードになっている。その文字列がポリペプチド鎖と呼ばれるアミノ酸の連なり、つまりタンパク質に変換される。

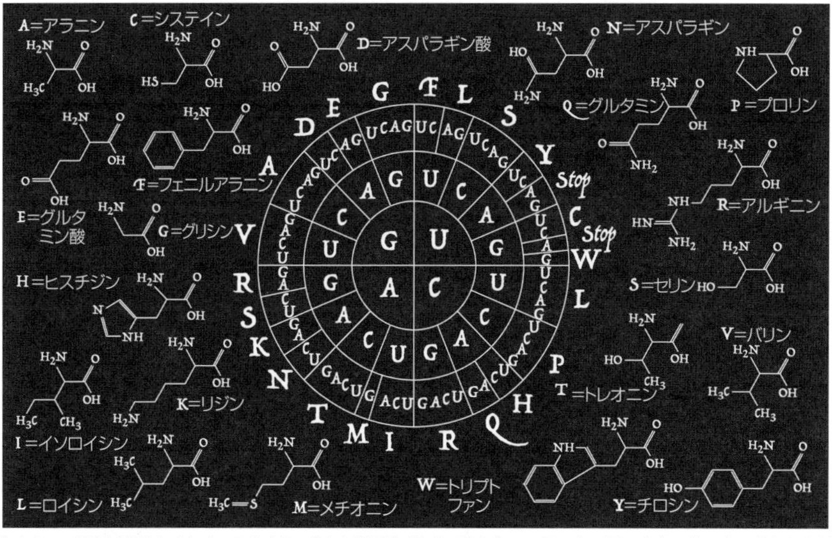

生命のコード(暗号)はわずか4つの文字と、3文字単語(コドン)で書かれている。上の図の中央の丸い表で中心から外へ向かって読んでいくと、どの単語からどのアミノ酸が作られるかがわかる。例えばUACならY(チロシン)に行き着く。ほとんどのアミノ酸は2つ以上の単語を使ってコード化されているので、生命が使っているアミノ酸はたった20種しかないことになる。地球上のすべての生命は、植物も虫もウサギもヒトも菌類もみな同じコードを使っている。

変異の世界

どのようにして混ざりあうのか？

ダーウィンの理論は、子の世代に小さな変異を作り出すメカニズムに依拠していた。そのメカニズムに関する答えは、配偶子(精子、卵子、胞子)が作られるしくみの奥底に隠されていた。

メンデルが予想したように、生命体全体を組み上げるのに必要なすべてのDNAの完全なセットは、どの細胞核にも含まれている。それらのセットは染色体という形で組織化されており、相同の(同じようにマッピングされているが内容は違う)セットを両親から1つずつ受け継いでいる。減数分裂(右頁)の際には遺伝子がいくつかに切れて母と父からのペアの間で交換されシャッフルされて組み換えられ(乗換え)、それぞれ違う特徴を持つ新しい染色体が配偶子用に作られる(下図)。

これが、ダーウィンが探し求めた変異の源のひとつであった。もちろんシャッフルは巧妙に行われるのだが、必ず予測不能な出来事は起こるもので、減数分裂でもあらゆるタイプの不首尾がありうる。転写エラー、欠落や重複、DNA上での位置の逆転(時には遺伝子の中でも起きるが非コードDNAで起きる方が多い)などである。多くの場合それはごくささいな変化(塩基1個やタンパク質ひとつの違い)であるが、それが時によっては有利に働き、また時には致命的にもなる。

例えば、第4番染色体にはCAGだけが何度も繰り返し書かれている染色体がひとつある。ほとんどの人ではその繰り返し回数は6回から30回の間だが、もしも35回以上繰り返す遺伝子を持っていたら、その人はウォルフ·ヒルシュホーン症候群になり、長生きできない。また、第20番染色体のとある遺伝子は253語から成っているが、そのうち1文字が違っていると狂牛病に感染·発症しやすくなる。

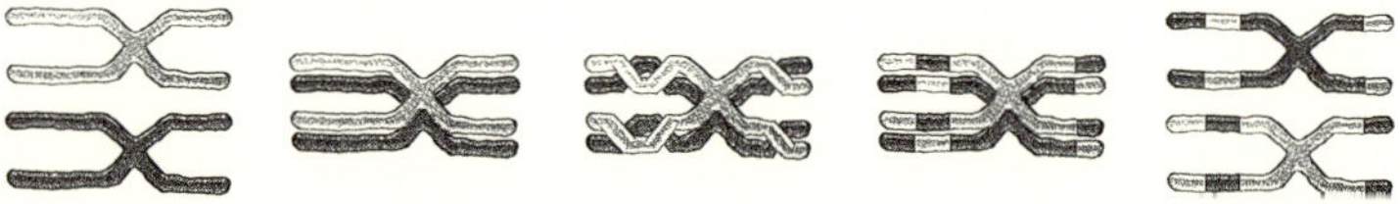

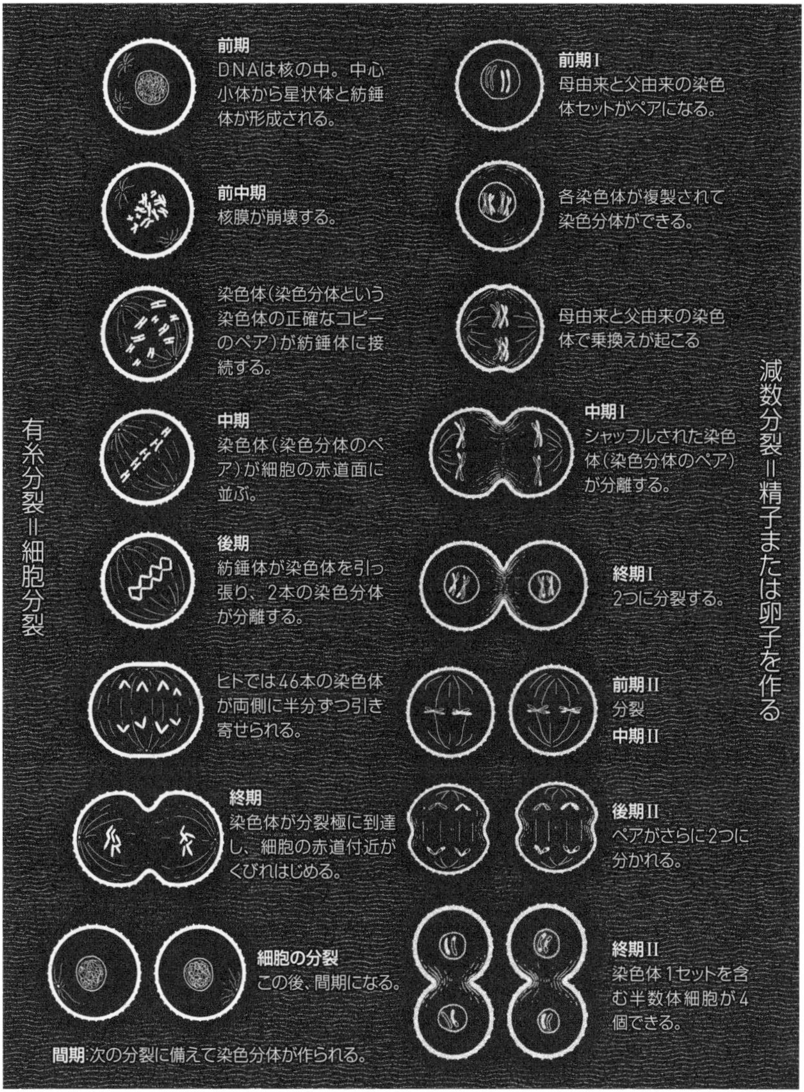
有糸分裂＝細胞分裂
前期
DNAは核の中。中心小体から星状体と紡錘体が形成される。
前中期
核膜が崩壊する。
染色体（染色分体という染色体の正確なコピーのペア）が紡錘体に接続する。
中期
染色体（染色分体のペア）が細胞の赤道面に並ぶ。
後期
紡錘体が染色体を引っ張り、2本の染色分体が分離する。
ヒトでは46本の染色体が両側に半分ずつ引き寄せられる。
終期
染色体が分裂極に到達し、細胞の赤道付近がくびれはじめる。
細胞の分裂
この後、間期になる。
間期：次の分裂に備えて染色分体が作られる。
減数分裂＝精子または卵子を作る
前期I
母由来と父由来の染色体セットがペアになる。
各染色体が複製されて染色分体ができる。
母由来と父由来の染色体で乗換えが起こる
中期I
シャッフルされた染色体（染色分体のペア）が分離する。
終期I
2つに分裂する。
前期II
分裂
中期II
後期II
ペアがさらに2つに分かれる。
終期II
染色体1セットを含む半数体細胞が4個できる。

自然に育まれて

ボールドウィン効果と行動によるふるい分け

1896年、ジェイムズ・マーク・ボールドウィン（1861−1934）は、学習で獲得した有利な行動がやがては本能のようになるという理論を打ち出した。彼は行動要因、文化要因、さらには化学的要因さえもがゲノムの形成に大きく関与していると唱えた。この考え方は現代のミーム学（42頁）やエピジェネティクス（18頁）の研究内容を予言するもので、時代を先取りしていたと言える。

生命体には、ある一定の行動を（しかも一定の時に一定のやり方で）取る傾向が高くなるように仕向ける遺伝子がある。環境が変化すると、より適切な新しい行動パターンを獲得する傾向の強い個体の方が生き延びやすく、また繁殖しやすくなる。そうしてこの傾向は増幅されていく（右頁）。

習性はあらかじめＤＮＡによって決まっていると考える人々と、主に学習によって獲得されると考える人々との論争は、近年ますます熱くなっている。現在では、本能の多くは適切な育成がトリガー（引き金）となる必要があると理解されている。例えば、野生で育ったサルはヘビを恐れることを母親から学ぶ（ヘビを見て母親が叫ぶなどするため）。ヘビを知らずに育った子ザルも、ヘビが現れて大人のサル同士がヘビへの恐怖をコミュニケートすれば、すぐにヘビを恐れることを学習する。

ところが、花を怖がるように仕込んだ大人のサルを人工飼育の子ザルと一緒にすると、大人のサルが一日中花に向かって叫び続けても、子ザルは「こいつ頭がおかしいんじゃないのか?」とでもいうようにそれを見ているだけである。トリガーが引かれると発現する“花への恐怖”が、生まれながらにサルに備わっているわけではないからだ。一方、ヘビへの恐怖は生まれながらにサルの中にある。遺伝的な本能の多くはこのような働きを持ち、スイッチが入るまでは休眠している。しかるべき時期に一定のパターンが起きて、はじめて本能は目覚めるのである。

小さな池で育ったカエルの群れが、池を出て川を渡ろうとする。カエルの個体にはそれぞれ違う傾向があり、丸木橋を渡ろうとするもの、睡蓮の葉を飛び移って行こうとするもの、頭上の木の枝に飛びつくものなどがいる。

自然選択が働く。わずかな行動傾向の違いは、木に登ったカエルに有利と出た。他のカエルたちは川に棲む捕食者の餌食になってしまった。木登りカエルは繁殖する。

有利な行動傾向が遺伝子プールを通じて広がり、本能になる。新しい行動傾向や別の変異例が現れはじめ、再び変異プロセスがはじまる。

エピジェネティクス

同じ遺伝子なのに異なる表現形

1942年、コンラート・ハル・ワディントン(1905−75)はエピジェネティクスという新しい研究分野を拓いた。これは生物学の一分野で、遺伝子とそこから作られて表現形を生み出すものとの因果関係・相互作用を研究する。現在ではエピジェネティクスという言葉は、一定の遺伝子の発現として親から子に伝えられる遺伝形質をもさす(親のDNAに小さなマーカーがくっつく"メチル化"と呼ばれるプロセスを用いる)。どの細胞核にも両親のDNAから受け継いだ完全な遺伝子セットがあるにもかかわらず、一定の時に一定の細胞内で活性化する(スイッチが入っている)のは遺伝子のうちほんの一部分だけである。血流の中には、特定の細胞の特定の遺伝子をターゲットにして働きかける何百万種類もの化学的メッセンジャーがある。どの遺伝子が「オン」でどれが「オフ」かを感知し記憶することで、精子と卵子は親が獲得したある種の形質を次の世代に伝えることができる。ラマルク説に通じるメカニズムと言えよう。

環境条件、食生活、汚染などはいずれも子孫の遺伝子変化に影響することが示されている。あなたの今日の行動が、4代後の子孫のゲノムに影響するのである。エピジェネティックなプロセスは、DNAスイッチにくっついたチューインガムにたとえられる。ガムはいつでも「オン(くっつく)」または「オフ(はがれる)」ができ、遺伝子(スイッチ)の切り替えを阻止する。遺伝子とガムの両方が「オン」であれば、遺伝子は外的な影響でガムが取り除かれるまでずっと「オン」のままであるし、その逆も、またその他の組み合わせも起こりうる。
エピジェネティクスは、強い感情、恐怖、依存症その他のトリガーやホルモン値の急上昇(化学物質の混合物として動脈中を流れる)が、こうしたプロセスを経て子孫に伝わることを明らかにした。それだけでなく、ただなにかを考えるだけでも、人間のDNAの発現に影響を及ぼすことがありうるのだ。

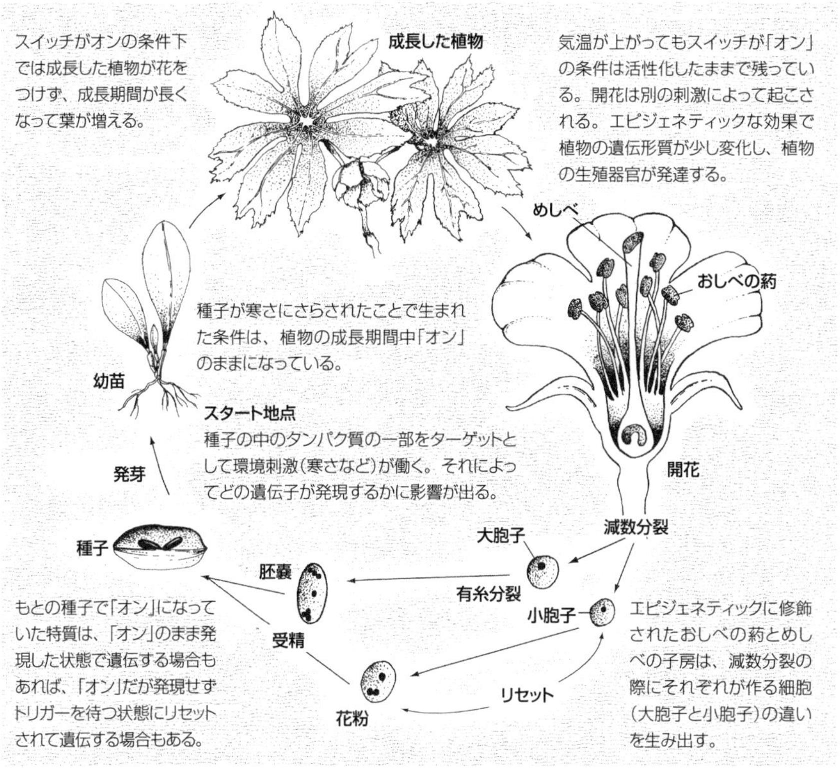
スイッチがオンの条件下では成長した植物が花をつけず、成長期間が長くなって葉が増える。
成長した植物
気温が上がってもスイッチが「オン」の条件は活性化したままで残っている。開花は別の刺激によって起こされる。エピジェネティックな効果で植物の遺伝形質が少し変化し、植物の生殖器官が発達する。
めしべ
おしべの葯
種子が寒さにさらされたことで生まれた条件は、植物の成長期間中「オン」のままになっている。
幼苗
スタート地点
種子の中のタンパク質の一部をターゲットとして環境刺激（寒さなど）が働く。それによってどの遺伝子が発現するかに影響が出る。
発芽
開花
減数分裂
大胞子
種子
胚嚢
有糸分裂
もとの種子で「オン」になっていた特質は、「オン」のまま発現した状態で遺伝する場合もあれば、「オン」だが発現せずトリガーを待つ状態にリセットされて遺伝する場合もある。
小胞子
エピジェネティックに修飾されたおしべの葯とめしべの子房は、減数分裂の際にそれぞれが作る細胞（大胞子と小胞子）の違いを生み出す。
受精
リセット
花粉

エピジェネティクスは遺伝子の発現を研究する学問分野である。遺伝子が生涯ずっと変化しなくとも、遺伝子の発現は多くの要因に影響され、それが子孫に伝えられることもある。組織内のさまざまなタンパク質やホルモンの量、そしてそれらに対する遺伝子の感受性によって、遺伝子のスイッチが「オン」「オフ」と切り替わる。上の例では、種子が低温にさらされ、それに対する植物の化学的な反応が子孫に伝えられる。

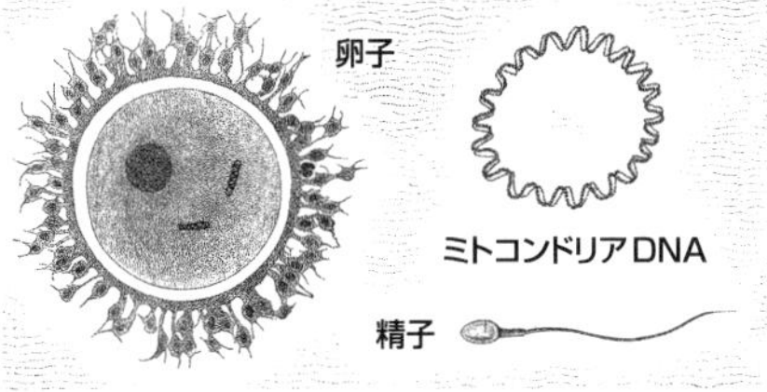
卵子
ミトコンドリアDNA
精子

父から子に伝わるDNAは核DNAだけである。ミトコンドリア（ミトコンドリアは細胞内でエネルギーを生産している小器官で、細菌に由来する）、植物の葉緑体、細胞内液の化学物質スープ、空胞、そして核を包み支えている周囲のものの大部分のDNAは母親からしか伝わらない。つまり母親はより多くのエピジェネティック・トリガーを子に伝えることができる。

赤の女王

進化の軍拡レース

すべての種は生きるための資源をめぐって他の生物と不断の競争を繰り広げており、結果として、現状を維持するためには進化する必要がある。捕食者と獲物の関係にあるふたつの種では、捕食者がより鋭い牙や速いスピードを獲得すると、獲物の方はより厚い鎧や速い逃げ足を獲得する。この考え方は1976年にリー・ヴァン・ヴェーレンによって提唱され、ルイス・キャロルの『鏡の国のアリス』の登場人物にちなんで「赤の女王」効果と名付けられた。赤の女王はアリスに向かって、「ここでは同じ場所にとどまるためには、絶えず全力で走っていなければならない」と言う。こうして、進化には永遠に動きつづけることが必要だということが明らかになった。環境条件はつねに流動的であるから、そこに生きる生命体にもつねに変化することが求められる(右頁の例を参照)。

病気に対抗するための有性生殖の役割もその例と言える。病原体は、細胞を食い破って細胞内に侵入したり(菌類や細菌)、遺伝機構を乗っ取ったり(ウイルス)する。病原体が細胞内に侵入する際にはタンパク質の鍵を使い、うまくいった鍵はすばやく広まる。有性生殖はクローンと違ってさまざまに異なる子が生まれるため、鍵穴も多彩になり、病原体側は鍵を見つけにくくなる。例えば亜麻は5つの遺伝子に27種類のバージョンがあり、個体ごとに違う組み合わせになっていて、さび病の菌に対抗している。うまく病気と戦える耐性遺伝子は広まっていくが、寄生する側もやがてはそれらの錠前を効果的に開ける方法を身につけ、すると新たな耐性遺伝子ができ、すると新たな鍵が……といたちごっこが続く。

進化を生む変化のペースはいろいろである。跳躍進化説では、進化の枝分かれをもたらす急激な形態的変化について突然変異の役割を重視している。漸進説は自然選択と長い年月にわたる小さな適応の積み重ねに重きを置く。

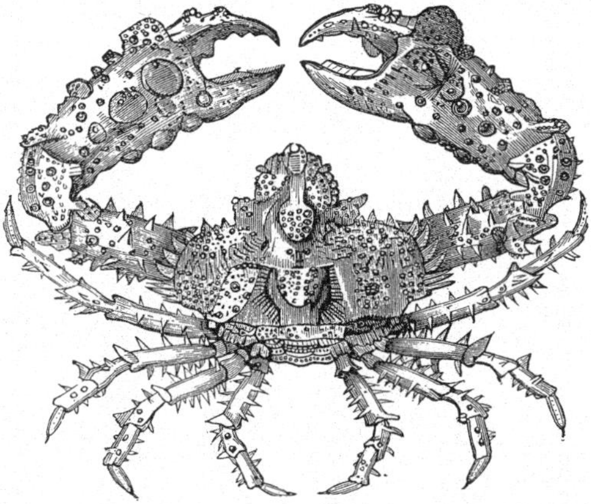

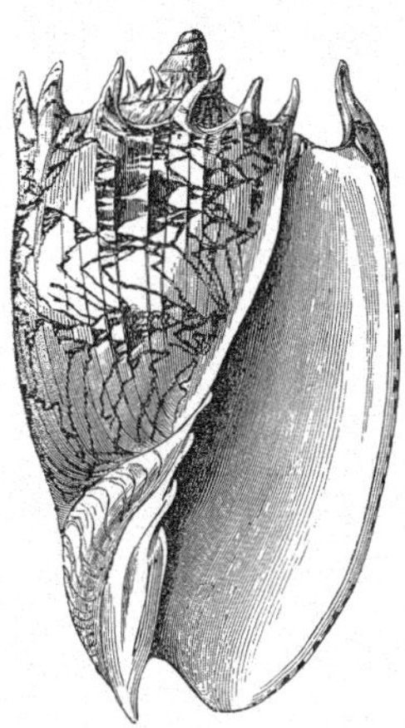

上:捕食者と獲物の間では一種の軍拡レースが繰り広げられる。例えば、軟体動物はカニや魚に食べられるのを防ぐために何千万年もかけて分厚い殻と棘状の突起を発達させてきた。それに対して捕食者の側は、殻や棘をものともしない強力なハサミや顎を発達させてきた。

左:植物と昆虫の軍拡レース。虫が嫌がる、あるいは虫にとって有毒な化学物質を出すように進化した植物は、自然選択で生き残る率が高い。しかしこの植物の遺伝子が広まると虫の生存に圧力がかかり、その化学物質に打ち勝つ能力を持つように進化した虫が増える。すると今度は植物の生存が脅かされ、より強力な化学的防御力を獲得する進化を遂げた植物が効果的に生き残って増える。これによって生存に圧力がかかった虫は……以下繰り返し。防御力と対抗手段は、どちらも最終的勝者になることなく永遠にエスカレートしていく。

種の分化

あの子たちとはもう遊べない

ひとつの種の複数の集団が、互いに離れた場所で別々の方向に進化し、ついに交雑不可能なほど違う生物になってしまった時、学者はそれを種分化と呼ぶ。つまり、新しい種が生まれたということである。種分化はしばしば、集団の一部が隔離され再適応することによって起こる。人類の場合は、いくつかの出来事が選択圧を生み出したのではないかと考えられる。とある隔離された類人猿の祖先集団の中のある個体で、短い染色体2つが融合して新しい第2番染色体となった（下図）。ヒトの染色体は23対だが、チンパンジーは今でも染色体が先祖と同じく24対ある。

ダーウィンは、物理的な隔離や障壁が存在しない時に祖先であるひとつの種から複数の新しい種が進化するしくみをどう説明すべきかで悩んだ。だが実は、集団内にある個体群ごとの行動様式や傾向の違いだけでも、遺伝的隔離をもたらすのに十分なのである。シクリッド（カワスズメ）という魚はその良い見本と言えるだろう。2種類の好ましい生息環境の間が生息に不向きな環境で隔てられている場所があり、そこに魚の集団が出入りするとする。好ましい環境に留まる傾向が強い魚は生き残るチャンスが大きい。年月が経つ間に自然選択が働き、2つの環境の2つの集団は異なる方向に変化して亜種となり、やがては交雑不能な別の種に分化する。

左頁と上は隔離による種分化の例。左頁:ヒトの祖先である類人猿が、大きな地割れで隔離される。隔離された集団の中で一匹に突然変異が起こって2本の染色体が融合して1本になり(600万年前)、その結果新たな種が生まれた。　上:まだ小さな川だったコンゴ川をチンパンジーの祖先が往来して遊んでいる。川幅が広がり、2つの集団が隔離される。片方は現代のチンパンジー(道具を使う)になり、もう片方は性的な行動が目立つボノボになった。

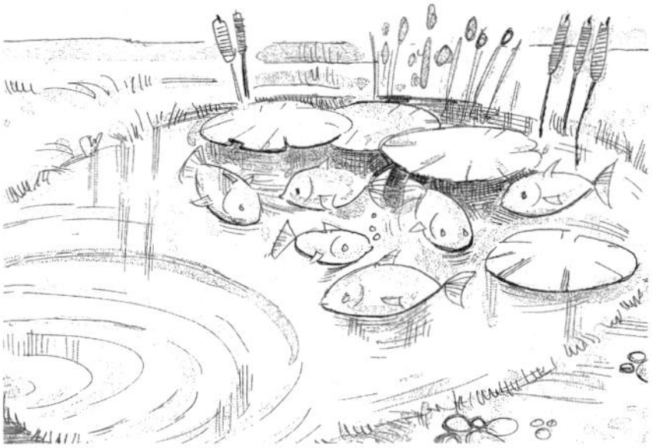

ひとつの池の中での種分化。スイレンの葉の陰を好む魚が進化する。池の反対側に、新たなスイレンの茂る場所ができる。魚は池のまん中のスイレンのない場所を越えて反対側へ行こうとはせず、それぞれのグループは別の進化を遂げる。

混在の中での種分化。大きな魚、小さな魚、明るい色の魚、暗い色の魚という複数の種が、サイズや色ごとに異性の好みを発達させていく。結果的に2つのはっきり異なる種が進化する。

移動する遺伝子

アフリカから世界へ

ひとつの種の遺伝子プールは、広い地域ではどのように振舞うのだろうか?

これまでに見たように、変化は物理的あるいは行動的に隔離された場合に起こりやすいため、地域ごとに隔離された下位個体群は、新しい遺伝情報のホットスポット[変異が起きやすい場]になる。また、個体が探検や旅に出たり恋に落ちたりすることで、ひとつの種の中での遺伝子の放浪も起こる。

人類の進化の歴史においては、局所的なホットスポット化とあちこちでの遺伝子の放浪が組み合わさったことが化石記録からわかっており、進化がスムーズに進んだ時期もあれば停滞していた時期もあった。ホットスポットはいろいろな人種を生み、それらの人種の中で起こった遺伝子の放浪は、目に見える比較的均一な遺伝的特徴をもたらした。

遺伝子の研究が進んだことで、人類に関する多様な地図を描けるようになった。例えば環状のミトコンドリアDNAは母親からしか受け継がれないので減数分裂でのシャッフルが起こらず、何世代経っても事実上変化しない。このミトコンドリアDNAの研究から、ヨーロッパ人の99%はわずか7人の女性(クラン・マザーと呼ばれる)の子孫であること、その7人は最後の氷河期の異なる時期にヨーロッパの異なる場所にいたことが判明した。世界全体で見ると、すべての人類は20万年ほど前にアフリカにいた1人の女性を祖先とすることが知られている。

父から息子にのみ伝えられるY染色体(これも実質的には変化しない)でも同様の研究が行われ、ヨーロッパ人の99%は最後の氷河期時代の5人の男性(クラン・ファーザー)の子孫であることが明らかになっている。そして全人類の祖先は7万年前のアフリカのたった1人の男性なのだ。

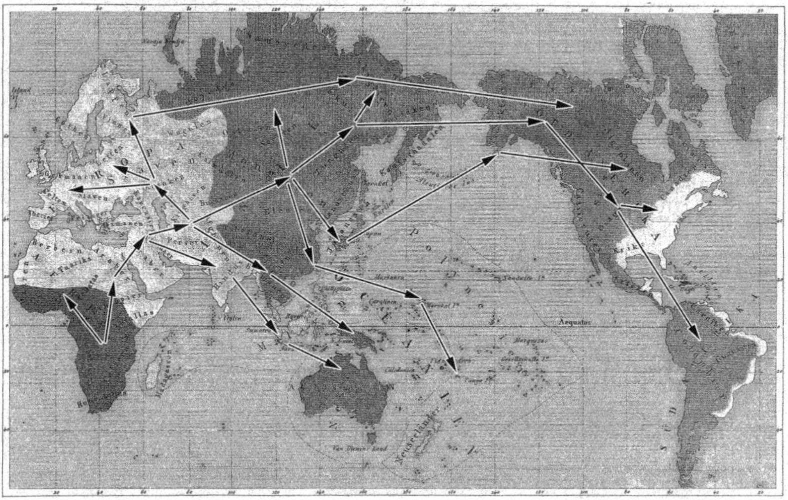

ミトコンドリアDNAとY染色体の研究によって、人類がアフリカを出て広がった道筋が明かされた。およそ6万5000年前に北東ルートでアフリカを出た人類の祖先はその先で分かれ、ある集団は南へ、別の集団は東へ向かった後に北西へと転じた。ヨーロッパに人が住みはじめたのは約4万年前、アメリカ大陸に人が渡ったのは2万5000年前とされる。

人類はすべて、ほんのひとにぎりの祖先の子孫であることが判明している。例えばアメリカ先住民のY染色体の調査結果は、南米大陸の先住民の85%と北米大陸の先住民の50%が、たった1人の先住民男性の直接の子孫であることを示している。

誕生と協力

生命の起源

最初のDNAあるいはRNAのストランド（鎖）がどうやって地球上に現れたのかは謎につつまれている。地球の外からやって来た可能性もある。しかしその場合でも、この宇宙のどこかで、核酸が始原の軟泥の中から生み出されたのは間違いない。おそらくは雷が落ちたヒドロゲルの中か、地下あるいは水底にある高温の亀裂の中かであろう。細胞壁の基本構造である脂質二重層がリン脂質から自然発生的に形成され、核酸の1本のストランドがそれらを生産するための正しい暗号コードを持っていたと思われる。こうして最初の有機生命体が生まれ（下）、そのクローンや変異体が団結したり競争したりするようになった。細胞コロニーが核の中のDNAストランドを共有しはじめると、細菌や古細菌のような単細胞生物（原核生物、50頁参照）同士の共生関係（34頁）が一定の形を持つようになり、より複雑な多細胞生物（真核生物、52−57頁）が誕生した。

従って、生命の物語は競争の話であると同時に協力の話でもある。重要なのは、細胞が異なる仕事をするために人間の場合と似た専門化を示したことである（言うまでもなく、人間の文化は労働の分化と専門化から生まれた極めて独特のものである）。新種の細胞、形態、パートナーシップ、エネルギー源を試行錯誤しながら、DNAの宿主は生まれ育った水環境を離れ、多様な生息条件の中でつねにその場に適したDNA暗号を運び伝えながら、生き延びていった。

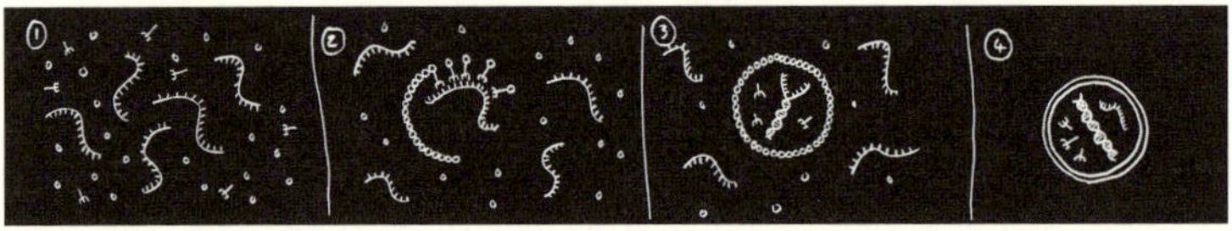

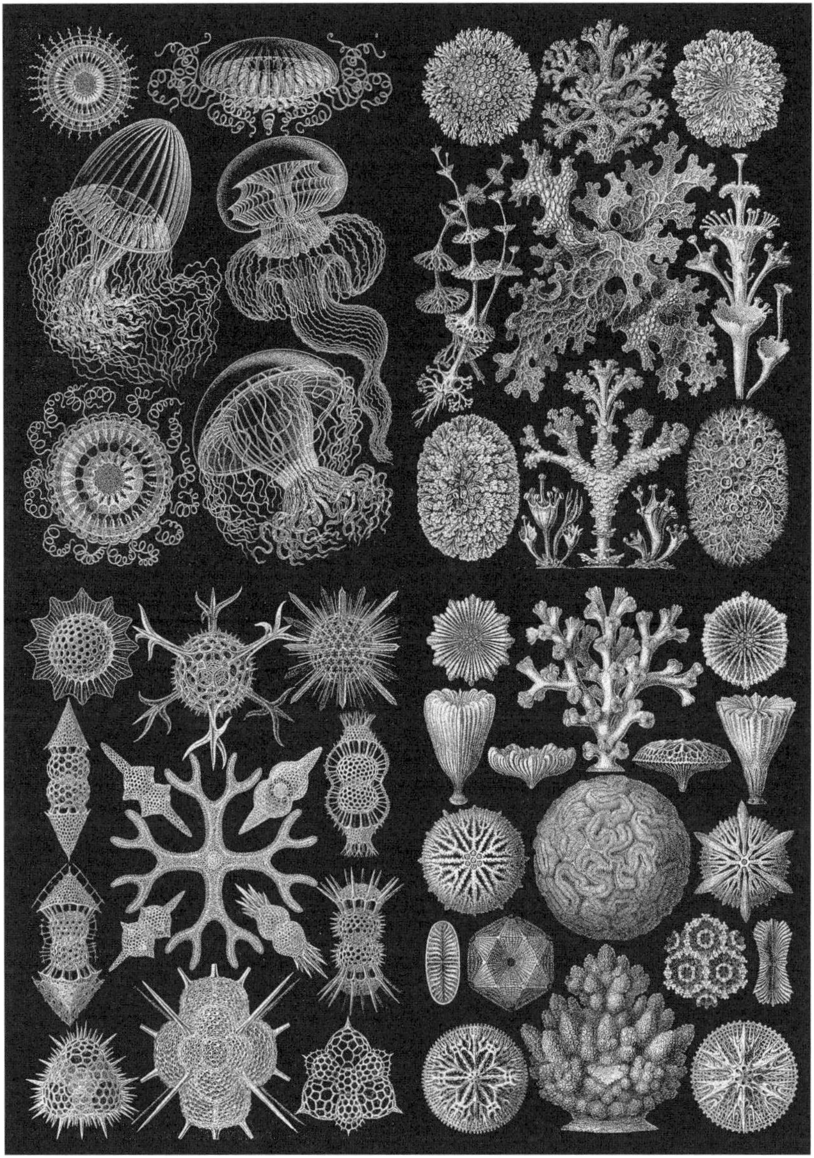

寄生と共生

人間の場合

多くの生命体が他の生命体との関係を発達させている。そこには寄生もあれば共生もある。寄生関係では片方の生物だけが一方的に利益を得るが、共生関係は両者、あるいは関係者全員にメリットがある。例えば、シラミやノミや寄生虫は宿主に何の益ももたらさずに自分たちだけが得をするが、われわれの胃の中の細菌は宿主の消化を助けながらその過程で自分も栄養を得ている。致死的な細菌やウイルス(下)は、宿主を死なせたら自分も死ぬので双方に不利なように見えるが、その前に新しい宿主を見つけようとする。

共生のなかには、高度な関係を構築し多くの個体が複合して1個の生命体のようになっているものもある。動物−動物の複合の例として有名なのが、一見クラゲのように見えるカツオノエボシである。カツオノエボシを構成しているのは実は複数の種の生命体で、それらが協力してコロニーを形成している。植物−植物の複合例は地衣類で、こちらは藻類と菌類の両方でできている。動物−植物の複合もあり、サカサクラゲ(27頁左上)はクラゲに藻類のコロニーが共生している。

地球上の生物の大部分から見ると、人間はどんどん他の生物への寄生度を増していると言えるかもしれない。一方、人間はリンゴの木、犬や乳牛や鶏、コメやムギ、その他いろいろな種とは共生関係にあり、これらは他の多くの生物を犠牲にして栄えている。

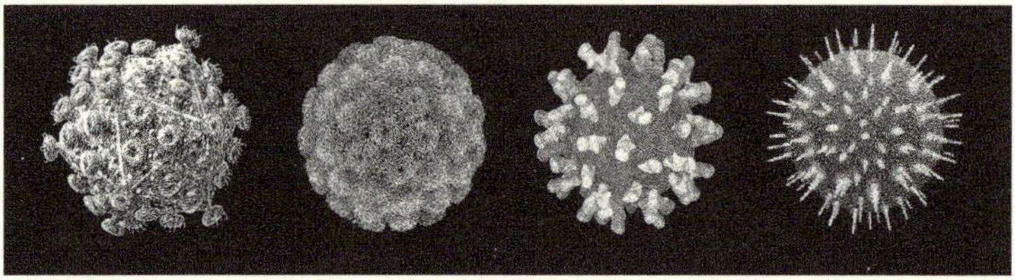

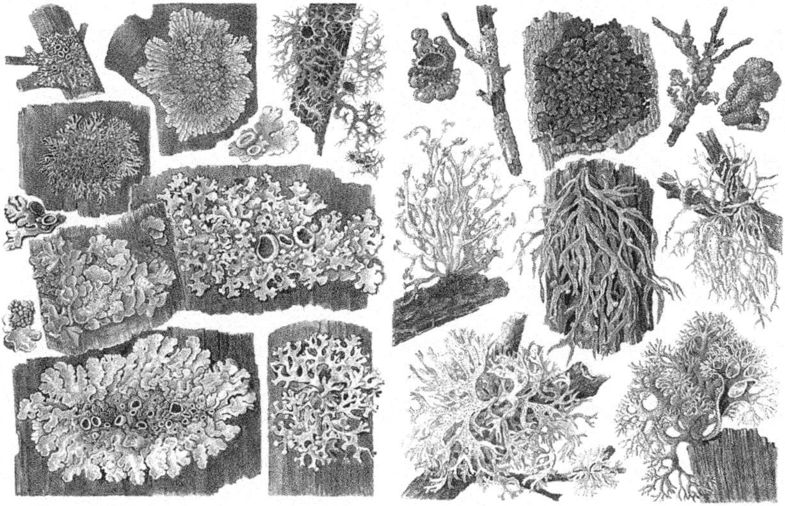

上および27頁右上:いろいろな地衣類。地衣類は、菌類が光合成するパートナーと組んだ複合生物で、パートナーは太陽光を使って地衣類のための栄養を生産する。

左:カツオノエボシ。特殊化したポリプとクラゲの群体。

下:ノミ。宿主に何の利益ももたらさずに自分だけが栄養を吸い取る寄生生物の例。

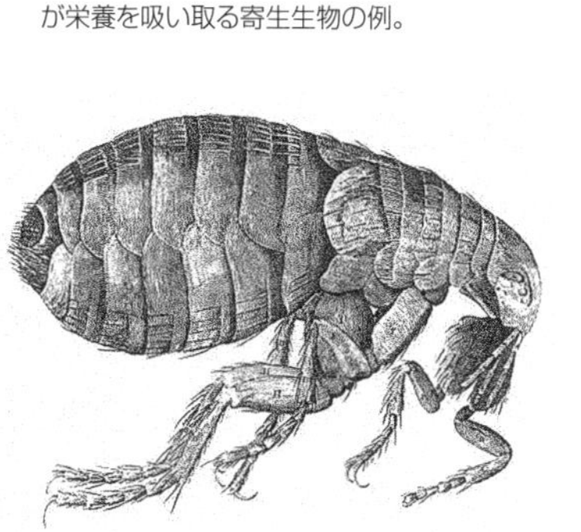

一族の絆

みんなはひとりのために、ひとりはみんなのために

多くの生き物が、濃い血縁関係にある一族や、時には群れ全体のゲノムを守るために、我が身をかえりみない行動を見せる。こうした利他主義は進化の中でひとつのメカニズムとして働いている。というのも、適応は集団レベルでも起こるからである。集団内の利他主義よりも個体自身の利己主義が勝る傾向があるのはたしかだが、利他的な集団は概して利己的な集団を打ち負かす。利他的な行動は、遺伝子の面でもミームの面でもその集団の特性が生き延びる可能性を高めるのである。

社会性昆虫（アリ、カリバチ、ミツバチ、シロアリなど）では、生殖能力のない働きアリや働きバチが女王のために一生を捧げる。吸血コウモリ（右頁上）は空腹の隣人に血を分け与えるが、そのことを記憶しており、「お返し」を期待する。利他主義には「家族が一番」「友を助ければ、友も助けてくれる」「数が多ければそれだけ安心」「病気や高齢の仲間を世話せよ」という行動上のモットーがある。サバンナモンキーは仲間が捕食者に気付いていない時、自身が捕食者の標的になってしまう危険を冒しても警告行動を行う。

同族意識をさらに他の種にまで拡張する例もある。イヌは時に、親のない仔ネコやリスやアヒルを“養子”にして育てる。また、イルカの仲間は進化の上で近縁関係にある種が病気やケガをしたり苦しんだりしていると、それを助けようとすることがある。

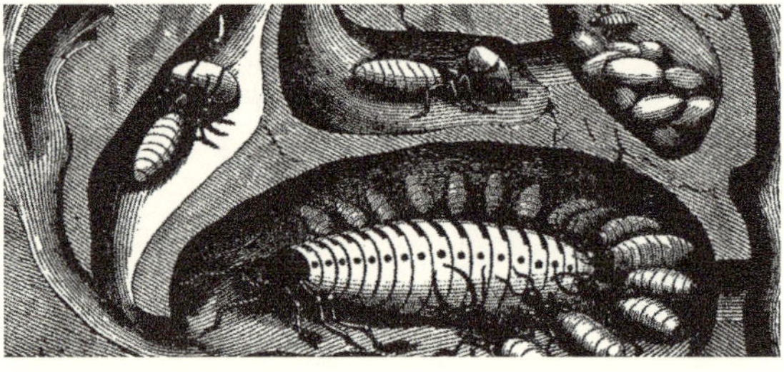

吸血コウモリは利他主義の中でも最も普遍的な形態のひとつ、すなわち互恵関係を見せる。毎晩同じ場所をねぐらにする習性がある彼らは、互いに知り合いになり、お返しが期待できる場合には空腹の隣人のために血を吐き出して分け与える。サバンナモンキーも、以前助けてくれた仲間を助ける行動を取ることがある。

セイウチは、両親が死んで孤児になったセイウチの仔を養子にして育てる。

性選択

異性を惹き付ける美

有性生殖は見事に変異を作り出す。複雑に進化した種の多くが有性生殖を行うのはそのためである。無性生殖種でも、停滞を防ぐために時にはある種の有性生殖を採用することがある。無性生殖で増える（減数分裂も有糸分裂もしない）種や単為生殖の（受精をしない）種では、自然選択を効果的に生き延びるのに必要な遺伝子の多様性を作り出せない。

一部の動物種のオスは、できるだけ多くのメスと交尾して、何億個もの精子を通じて自分のDNAを広範囲に広めようとする。一方、子を生き延びさせることに多くの力を注ぐメスは、自身のDNAを伝える機会をオスほど多くは持たない。メスが産める子の数は限られているので、一般に、できるだけ優良なDNAを探し求める。そのためメスはオスよりも選り好みが激しくなり、オスに能力の証明（誘惑）を求めがちになる。そこから、時には驚くべき結果が生じる。

オスのクジャクの尾（右頁）はその典型的な例である。メスにセクシーさをアピールできるという以外には、あらゆる点で扱いにくく不利としか言いようがない。最も美しく魅惑的なディスプレーを見せて最適者であることを証明したクジャクのオスが、遺伝子を残すことができる。

グッピーのメスはカラフルなオス、中でも特に首回りが鮮やかな個体に抗えない魅力を感じる。この性選択が積み重なると色鮮やかな魚が多数生まれるようになり、捕食者に非常に狙われやすくなる。すると自然選択により、それほど目立たない個体が残る。

クワガタムシ（右頁下）の場合は、巨大な（そして多くの場面では役に立たない）顎がメスによる性的な選択の結果である。この顎はメスをめぐってオス同士で争うとき使われる。優劣を決するのはオスたち自身であり、メスは勝ったオスと無条件で交尾する。

収斂《しゅうれん》進化

必然的にそこに至る解決策

種は可能な限り多くの生態的地位（ニッチ）を占められるように適応していくので、一般的に変異は進化において多様性を生みだす。しかし、最も効率よく空を飛んだり（下）ものを見たり（右頁上）するにはどうするかといった課題を克服するとなると、適したデザインはどうしても限られる。異なる多くの種に似たような特徴が見られることがあるのはそのためだ。直接的に共通の先祖から進化した（同じDNAによってコード化された）のではない場合、類似の特徴がまったく別々に独立した形で進化したことになる。これを「収斂進化」と呼ぶ。

収斂進化は集団的な類似特性と個別の類似特性の両方の形で現れうる。有袋類と有胎盤哺乳類では、それぞれ別々の大陸で同じような生態的ニッチを埋めるように適応した異なる種が、遺伝的には遠く離れているにもかかわらず互いに似た特徴を持っている。個別の類似の例としては、頭足類の目と脊椎動物の目が挙げられる。この両者では目に関するDNAコードが違うが、実際の目は構造的にも機能的にもほとんど同じである。進化の過程でより都合の良い改良を模索し続ける中で、最もうまくいく方法として同じ解決策が繰り返し選ばれるのである。

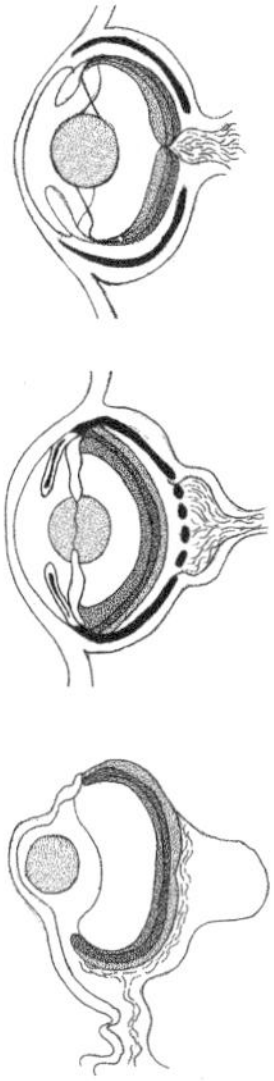

左:世界の異なる場所でまったく別々に進化した、違う種の生物の目を3例示す(コンウェイ=モリスの本より)。
上はヒトの目で、レンズの形を変えて焦点を合わせる。その下はタコ(軟体動物門頭足綱)の目で、レンズを前後に動かして焦点を合わせる。一番下は海洋環形動物の一種(ミミズの親戚)の目である。レンズを持つ目はこの他に、脳を持たないアンドンクラゲ、メダマグモ、ゾウクラゲなど多くの生物が別々の進化によって獲得している。

視神経
網膜
色素上皮層
核層

左頁とこの頁:収斂進化の例。問題解決のために可能ないくつもの方法の中で、実際に使えるのは一部だけであり、さらにそのうちの一部だけがうまくいく。光に反応する化学物質であれ、効率的な推進方法であれ、水中での抵抗を最小限にする外形であれ、発見された解決法のうちベストなものは限られた数しかなく、その結果もある範囲に限定される。これはプラトンのイデア論と似ていなくもない。プラトンは理想形(イデア)が地上に投影されたものが事物であると説いた。

有袋類の動物は独自に進化して、有袋類以外の動物と似た形になった。有袋のシカ(カンガルー)、リス(コアラ)、ウサギ(バンディクート)、ラット、マウスなどがいる。

サメとワニは1億年前に形を完成させ、その後はわずかしか変化していない。隔離されて進化した種も、海にいる仲間と似た形になった。

死

死と病気の役目

死はあらゆるものに訪れる。しかし、細胞は理論上は無限に増殖が可能で（実験室内で何十年も生き続ける）、体を若く強健に保ち続ける。それならばなぜそれが止まるようプログラムされているのだろうか？　ひとつの細胞は一定の回数しか更新できない。各染色体の末端を保護しているテロメア（右頁上）は染色体が複製されるたびに導火線のように短くなっていき、やがて細胞死が起こる。われわれが年をとるにつれてDNAのエラーが蓄積し、それが次世代に伝わらないように死がやってくる。性と死が進化を推し進める。女性の卵子はその女性の誕生前にすべて安全に作られているが、男性の精子は加齢と共にエラーの率が増える。長寿のリクガメ（寿命150年）やクロコダイル（100年）でさえ、時折は遺伝子プールからの更新が必要となる。

病気の中には、恩恵をもたらすものもある。有名な例は鎌状赤血球症で、この病気の遺伝子を持つ人はマラリアへの抵抗力が高い（右頁下）。

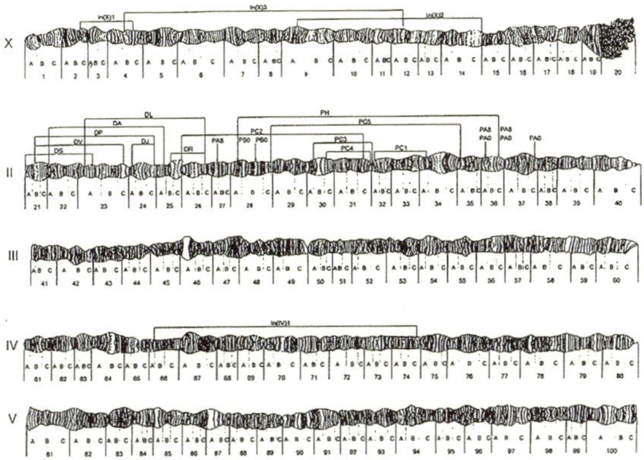

テロメア
(TTGGGG)n TTG
(AACCCC)n AAC
セントロメア
(TTGGGG)n TTG
(AACCCC)n AAC
テロメア

どの染色体も末端にテロメアと呼ばれるDNAの反復配列があって、末端部を保護している。脊椎動物、菌類、一部の粘菌では反復のモチーフはTTAGGGであり、昆虫ではTTAGGである。反復の数は種によって異なる(ヒトでは約1000回)。細胞が分裂するたびに転写メカニズムでこの反復モチーフがいくつか失われ、染色体が短くなる。テロメアが一定以下の長さになると細胞は再生産ができなくなり、死を待つのみとなる。死もまたプログラムの一部である。

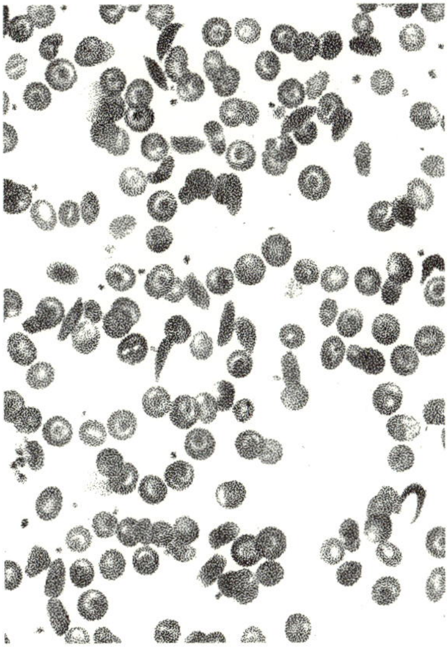

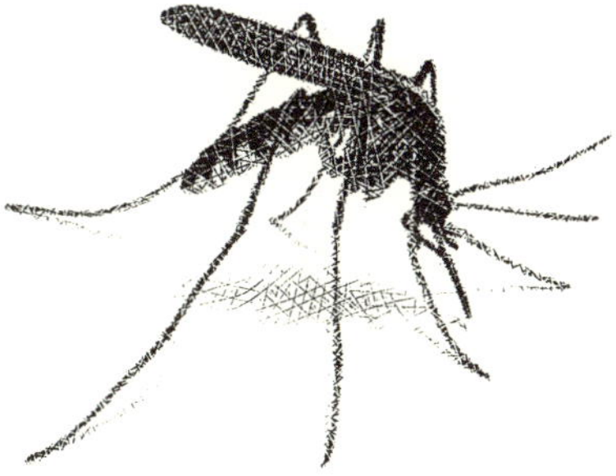

左:鎌状赤血球症は遺伝病で、鎌状に変形した赤血球を作り出し、肺でのガス交換がしにくくなって平均余命が短くなる。そうした不利益を与えるのになぜこの病気の遺伝子は生き残ってきたのか? 実は、鎌状赤血球症だと蚊(上)によって媒介されるマラリアへの抵抗力が強くなるのである。そのため、マラリアの流行地域では鎌状赤血球症の遺伝子を持つ人の割合が高めになりやすい。

擬態とカムフラージュ

身を隠すというメリット

多くの動物が、自然が持つ独自の視覚言語を利用している。実際よりも危険そうな外見で捕食者を遠ざけたり、背景に溶け込んで飢えた敵から姿を隠したりするのである。

カムフラージュは擬態の一形態である。捕食者あるいは獲物が、周囲に溶け込む色や形に進化することで生き延びるチャンスをより大きくしようとする。動物の場合は、外見だけでなく行動も似ているかどうかが効果を左右する。

擬態の別の形態として、異なる種が互いに模倣する例がある。無害な種が有毒種に擬態する場合はベイツ型擬態と呼ばれる。例えば、毒を持つアシナガバチは黄色と黒の縞模様という警戒色になっているが、このアシナガバチを真似る蛾や甲虫やハナアブが多数いる。鳥は刺されたくないのでそうした虫を避ける。ミュラー型擬態では、種同士が互いに擬態することで双方が利益を得る。熱帯のチョウには似た模様のものが何種類もおり、そのすべてが鳥にとっては不味いチョウである。メルテンス型（エムズリー型）擬態は、猛毒の獲物が毒の弱い種に擬態する。なぜかというと、猛毒の獲物を襲った捕食者は反撃されて咬まれると必ず死んでしまい、その猛毒種を忌避するという学習が成立しないからである。熱帯のサンゴヘビの仲間で、猛毒のヘビがそれより毒の弱い種類に擬態する例が知られている。

擬態は時に植物でも見られる。熱帯の蔓植物には、葉に蝶の卵に似た突起を作るものがある。メスの蝶は「既に誰かが産んだ卵がある」と思い、別のところに卵を産もうと去っていく。

キングスネーク　無毒

サンゴヘビ　猛毒

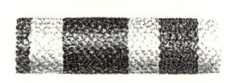

アリゾナサンゴヘビ　有毒

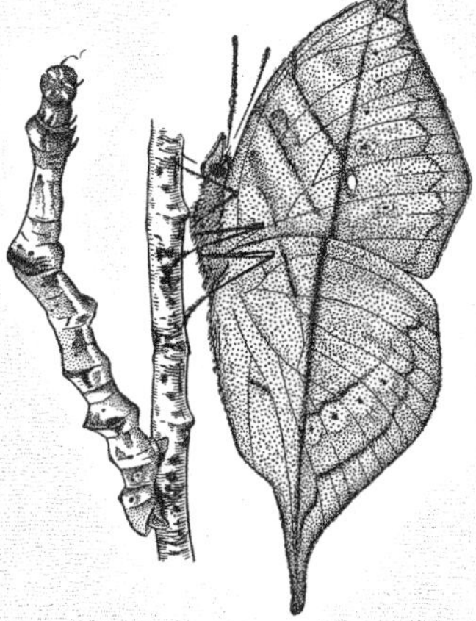

上:賢いカムフラージュ。左は小枝そっくりに進化したエダシャク(蛾)の幼虫。右はインドやマレー半島にいるコノハチョウで、木の葉によく似た姿をしており、捕食されにくい。

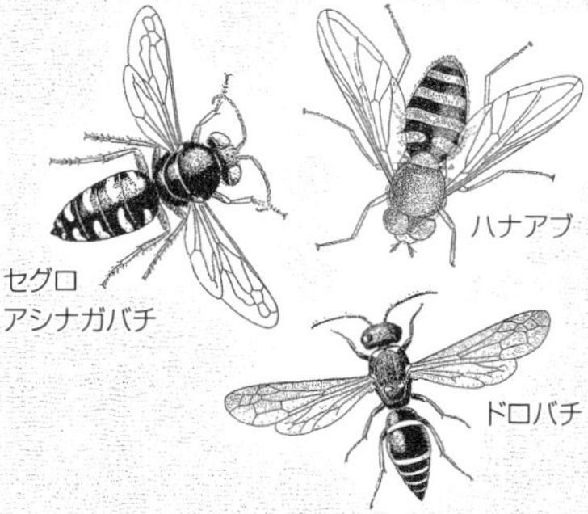

ベイツ型擬態とミュラー型擬態。無害なハナアブは、有毒なセグロアシナガバチの警告模様を真似ると有利だと見抜いた(ベイツ型擬態)。ドロバチはセグロアシナガバチに似た縞模様を持つ(ミュラー型擬態)。

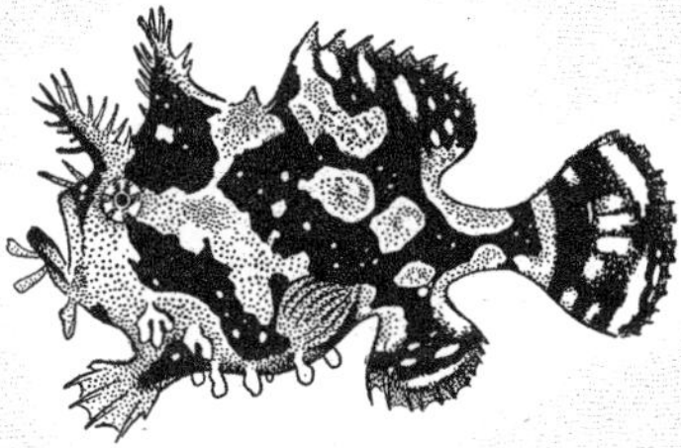

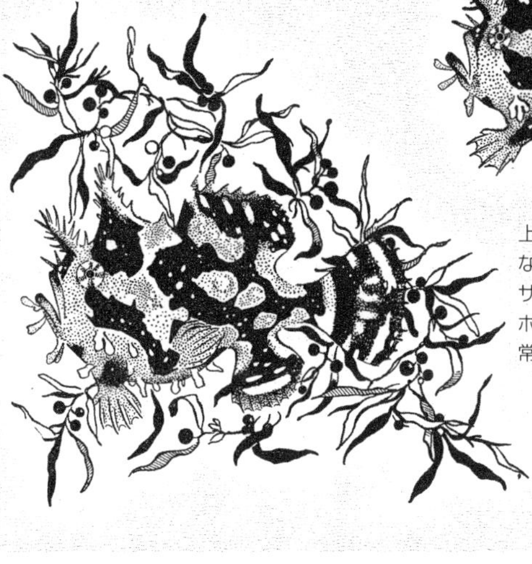

上と左:ハナオコゼ。極めて特異な模様といくつもの突起を持ち、サルガッソー海の海中に浮かぶホンダワラの間に隠れると、非常に見つけにくい。

信じがたい生き物たち

いったいどうやって自然はこれを作ったのか？

進化論に反対する人々は、漸進的な進化をしたとはとても思えない特徴を持つ生物を挙げて反証にしようとすることがある。虫を捕えて食べるハエトリグサの葉や哺乳類の目などがその例で、これらはうまく機能するかしないかふたつにひとつであり、中間の発達段階が見られない、というのが根拠である。

しかし、進化を逆向きに想像してみるとよい。哺乳類の目は網膜の前方に液嚢で支持されたレンズがある。この液嚢が徐々に小さくなっていき、ついにレンズが網膜上に乗ったところを想像する。その後レンズと網膜が融合し、光受容細胞の数が減って最後には1つになる。出来上がったのは何かといえば、多くの生物に広く見られる単眼である。この目でも周囲の動くものはわかる。光を遮って近寄ってくる捕食者の存在に気付けるのである。

ハエトリグサの葉（右頁下）の場合は、葉をパッと閉じるメカニズムがなくなったところを想像してみる。それでもまだ時々は動きの鈍い老いたハエを捕えることができるだろう。ゆっくりと葉が閉じ終わるまで獲物を捕えておくために、粘着性の液体を滲出させたらどうだろう?　さらにさかのぼると、指のような突起が減り、葉の蝶番部分がなくなって、内側へ巻くことでしか閉じられなくなる。そのまた前には、髪の毛のように伸び出た部分の先にねばねばした物質の小さな球をつけて、ねばねばの威力を最大限活用しようとするだろう。この状態は、モウセンゴケの葉（下）そのものである。

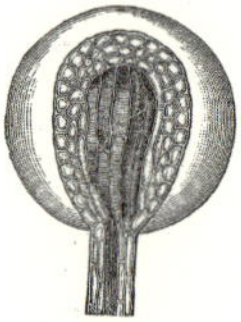

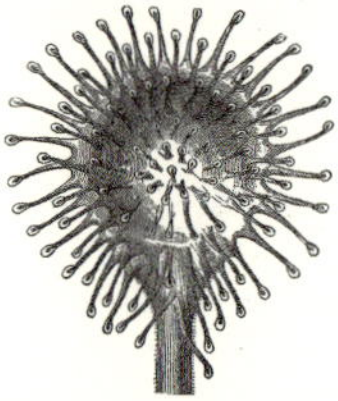

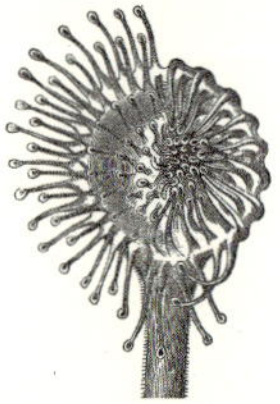

上:類人猿からヒトへの長い進化では、そう進化するように仕向ける鍵となった要因がいくつかあるように見える。道具の使用とオスメスの役割分担から、個体が専門能力を身につけはじめ、他の種には類を見ないレベルまでそれが進んだ。ヒトは基本的には一夫一婦の性質を持っているため多くの男女が子をなし、さらに専門分化が進んだ。

左:ハエトリグサ。進化論に反対する人々がよく使う例のひとつ。いったいどうやってこの植物が現れたのか？　その答えは——非常に多くの世代にわたって小さな改良が積み重ねられ、時には大きな突然変異も起こって、それらが子孫にとって有利な特性をもたらす一方で、不都合な変化は歴史の中に消えていったからである。

ミーム

自己複製する思考と文化ウイルス

文化をよりよく理解するために生物学の進化概念を利用できるのではと考えたリチャード・ドーキンスは、1976年に、文化において遺伝子に相当する働きをするミームという概念を提唱した。彼はミームを、ミームプールの中に存在する文化情報の基本単位と定義した。

ミームは思考や発見から出現する。ミームがミームプールの中で生き残るか死ぬかは、個々人がそのミームにどの程度の価値を認めるかによる。ミームはまた文化パターンの中でも表現されうる。特定の服装、食事、踊りなどを好むという選択が文化的な情報配列を発信して、それに触れた人にそれぞれ異なる利益を提供する。この情報が人々や集団の間でフィードバックされることで、影響が広まり、サブカルチャーが形成される。

ミームを研究するミーム学は、流行が起きてやがてすたれる様子をしばしばウイルスや伝染効果になぞらえて説明する。他にも、言葉、歌、フレーズ、信仰、トレンド、習慣などがミーム的パターンの例としてあげられる。ミームと遺伝子の共進化を説く二重相続理論では、人間の行動のしかたのある部分や遺伝的影響は生態系に左右されるとしている。西洋人が酪農を行ううちにラクトース（乳糖）への耐性を持つよう適応したのはその一例である。

もっと不思議な力が働いているとする説もある。ルパート・シェルドレイクは1999年から2005年にかけての研究で、多くの人はじっと見つめられるとその気配を感じ取ることができると示した。彼の「形の共鳴（モルフィック・レゾナンス）」理論は、同じ考え方が似たような形の家庭同士の間で瞬時に伝わると説いている。ミームはホログラフィック宇宙の量子共時性のように心と心の間を移動することができるのかもしれない。

ミームはあらゆるところにあり、あなたの行動の多くに影響する。

ミームは遺伝子と同様に何世紀も変わらずに残ることができる。

ある種のミームは流行の服や言葉として発現する。

広告業者や政治家によって社会に注入されるミームもある。

ミームは人の知覚や起こるものごとを支配することができる。

庶民の知恵はすぐれたミームである。

加速する進化

遺伝子工学と自己進化するコード

ヒトは、今のところ地球が銀河への植民に送り込めそうな最有望株である。われわれ人類はこれからさらに知的に優れたものになっていくのだろうか？　それともミームは脳を冷遇する方向を選ぶだろうか（筋肉が脳に嫌がらせをするかもしれない）？　小惑星衝突が起きたら、われわれは生き延びられるだろうか？　近い将来には遺伝子工学（右頁下）が進化を加速させ、寿命を延ばし、特性を伸ばし、亜種さえ作り出すかもしれない。とはいえ、もしもヒトがそれほど宇宙植民に向かないことがわかったとしても、地球としてはまた別の種で試みるだけだろう。宇宙へ乗り出していくのは、類人猿以外から進化した生物だってかまわないのである（例えば、右頁にあるようにイルカでもよい）。

進化論はコンピューターサイエンスでも非常に効果的に使われている。動的プログラムはランダムに変化のある“子どもたち”を作り出し、それらの中から目的とする動作に合わせて選択を行う。かくしてロボットは、人がプログラムしたわけではない進化したアルゴリズムを利用して、堂々と歩いたり、優雅に飛行したり、すばやく這い回ったりする方法を学ぶ（下図）。

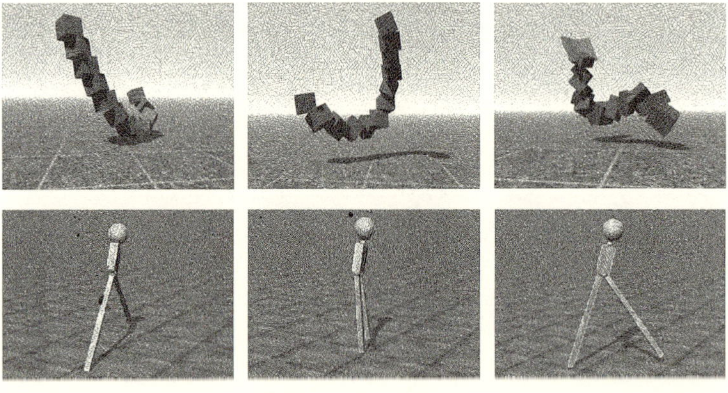

ヒトは今も進化の途上にあり、今後の方向にはさまざまな可能性がある。先祖の類人猿から今のヒトまでの進化は、物語の一部分にすぎない。新たに進化で獲得される(または遺伝子操作で作られる)特徴によって、いつか新種が誕生するかもしれない。
逆に、ヒトは進化の袋小路に入り込み、地球の遺伝子プールから別の種が新たな進化を遂げて銀河への植民に成功するかもしれない。

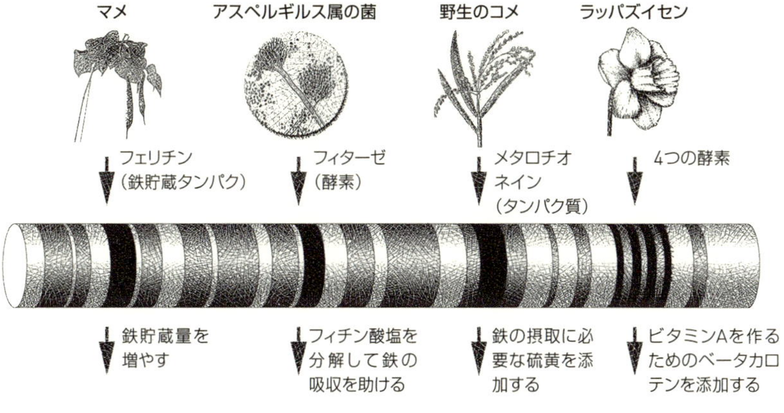

マメ
アスペルギルス属の菌
野生のコメ
ラッパズイセン
フェリチン
(鉄貯蔵タンパク)
フィターゼ
(酵素)
メタロチオネイン
(タンパク質)
4つの酵素
鉄貯蔵量を増やす
フィチン酸塩を分解して鉄の吸収を助ける
鉄の摂取に必要な硫黄を添加する
ビタミンAを作るためのベータカロテンを添加する

遺伝子組み換えのコメ。途上国での深刻なビタミンA欠乏症に対応するために作られた。

地球外生命体

存在するのか、しないのか

可視宇宙にはおよそ1000垓（1兆の1000億倍、10^{23}）個の恒星が存在するため、生命の存在に適した環境の惑星がたくさんある可能性がある。地球は現在46億歳で、生命の出現は地球の誕生から6億年目という早い時期であった。最初の生命が独立した進化によるものか、彗星の氷の中か宇宙の塵かに含まれていた細菌の飛来によるもの（パンスペルミア説）かは不明である。ともかく、類似のプロセスは宇宙の他の場所でも容易に起こりうる。

DNAは生命体に関する大量の情報を蓄える最も効率的な方法のひとつだが、唯一の方法というわけではない。地球型の生命の他に、硫黄系生命体やケイ素系生命体があってもおかしくない。宇宙のどこかで、われわれとは別のタイプの核酸構造が細胞内に現れて進化を始めたかもしれない。

内部の構造や組成の違いはあれど、外見上は他の惑星の生命もわれわれのよく知っている主題に基づいた形のバリエーションを示すことだろう。彼らのゲノムも、立つ、食べる、太陽の光を集める、見る、飛ぶ、泳ぐ、走るなどの目的に最も適した形を探し求めるからである。効率的な形態と機能のルールが地球と似ていれば、巨大なスケールでの収斂進化が起こり、地球の生物と相同の生命体が似たような生態的ニッチを埋めて、奇妙ではあるがどこかで見たような感じがする生命体クレード（分岐群）が生まれることだろう。重力の違いから、肢が太くて短かったり細くて長かったりという違いはあるだろうが、彼らにもやはり肢に似たものができるだろうし、地球での眼球の例と同様に、最も適切なデザインの肢が「うまくいく肢」になるはずである。

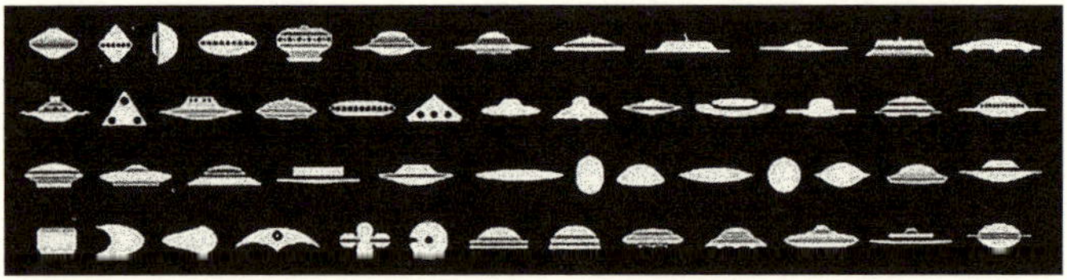

ありそうにない宇宙生物。上の図の生き物のうち、適切に歩くこと、見ること、食べることができるものはわずかしかいない。多くに邪魔な手足やひれや付属物がくっついている。自然選択が働いている場合、こうした不出来な生命の形が出てくるとは考えにくい。

上の図よりはいくらか現実味がある宇宙生物。液体中を移動する生き物は魚に似ている。草食生物は馬やリスに似ている。前方が見える位置についた目や背腹性など、地球と似た対称性がある。

進化するバイオコスム

宇宙知性体原理

宇宙について研究が進めば進むほど、あるひとつの事実がどんどん不思議さを増して見えてくる。地球だけでなくこの宇宙全体が、生命体に理想的な場所だと明らかになってきているのである。空間と物質の構造の根底にある物理定数は、生物の存在可能性を最大にするように、信じがたい精度で微調整されている（右頁）。もしどれかひとつの定数がわずかでも違っていたら、宇宙にはいかなる生命も存在できない。「宇宙知性体原理」と呼ばれる難問は、現代のビッグバン宇宙論が生み出した最も奇妙な謎である。

実は、この問題の答えは次の3種類しかない。1）上で述べたような微調整は意味のない偶然の産物であると説く。2）宇宙は何百万個もあって、われわれの宇宙はその中にある「生命がうまく暮らせる宇宙」というひとつにすぎない。3）微調整されているのには理由があるに違いない。

2003年、ジェイムズ・ガードナーはまったく新しい理由を提唱した。彼は、われわれが目にしている見事な調整は、一種の構造的遺伝子として親宇宙（または両親宇宙）から子宇宙に伝えられたのではないかと述べたのだ。意識、生命、そしてその両者を宿す「形態」は、宇宙全体がひとつの超生命体になる日まで進化を続ける。そうなったとき、この超生命体は調整された定数一式を設計したり、その定数を新たなビッグバンで生まれるバイオコスム（生きている宇宙）に伝えたりして、生命の誕生と発展のチャンスが最大になるようにはからう――あらゆる生命が自分の子にしているのとまったく同じように。

こういった概念を見てダーウィンはどう思うだろうか。彼はおそらく、自説が目的にかなったものとして残り、環境の変化に適応し、ついには宇宙全体が変化可能性と遺伝可能性と選択可能性を持っているかもしれないというところまで広がったと知ったら静かな喜びを感じることだろう。

宇宙の絶妙な微調整

ライフフレンドリーな(生命に都合がよい)設定の一部はビッグバンにまでさかのぼる

1.　重力は電磁力の10^{36}分の1しかない弱い力である。もし重力がほんのわずかでもそれより強ければ、恒星も惑星も銀河ももっとずっと小さく短命になったことだろう。それでは生命の存在は不可能である。

2.　核力(原子核をひとつにまとめている力)は強い力だが、もしもこれが0.1%弱かったなら、宇宙では水素以外形成されない。逆に0.1%強かったなら、ビッグバン後に陽子対が過剰に作り出されて、宇宙のすべての水素を使い尽くしてしまっただろう。

3.　宇宙の膨張速度には多くの要因が関係しているが、この膨張速度がわずかに遅かったなら、宇宙はたちまち潰れてしまっていただろう。逆に膨張速度がわずかでも速かったなら、宇宙の物質が凝集せず銀河や恒星は生まれなかっただろう。

4.　もし初期宇宙がより不規則性や変動の大きいものであったら、現在の宇宙はもっと高密度で激烈な場所になっていただろう。逆にもし変動が実際より少なかったら、銀河や恒星はもっと脆く壊れやすいか、まったく誕生しなかったことだろう。

付録Ⅰ　原核生物

右頁の図は、地球上の生物の系統樹である。生命には大きく分けて2つのドメインがある。ひとつは単細胞で核を持たない微生物で、原核生物と呼ばれ、それがさらに細菌と古細菌に分かれる。この頁で扱うのがその原核生物である。もうひとつのドメインは細胞の中に核を持つ生物で真核生物と呼ばれる。

サイズこそ微小だが、原核生物の種類は真核生物よりはるかに多い。進化の途上で、彼らが埋めるべき生態的ニッチが非常にたくさんあったからである。これら自由生活性の微生物の大部分は、他の生物と一緒に（もしくは他の生物の中で）環境と共生しており、ライフサイクルの回転が非常に速い（20分ごとに分裂するものもよくある）ため、多様化するスピードも速い。他に、極端に厳しい環境（かつてある時期、その環境が地球をあまねく覆っていた）で生き延びているものもいる。特に古細菌に多く、中には2億5000万年も塩の結晶の中で生きてきた例もあることが知られている。細菌と古細菌は構造が単純で、植物でも動物でもない。核がないためDNAは細胞壁の内側で他の物質と一緒に存在する。原核生物は互いにDNAを自由に交換できる。つまりほとんどの細菌は事実上、単一のグローバル超生命体の個々の細胞であるとみなすこともできる。

細菌は信じられないほど多様性に富んでいる。胞子や糸状体を作るもの、暗闇で光るもの、ミルクをヨーグルトに変えるものもいる。細菌の分類はまだ完了していないが、すでに数十の門がある。アクウィフェクス門、キセノバクテリア門、シアノバクテリア門、プロテオバクテリア門（1650種が含まれる）、フィルミクテス門（2500種）、スピロヘータ門、バクテロイデス門、フラボバクテリア門、フソバクテリア門、サーモミクロビア門、クロロビウム門、スフィンゴバクテリア門……。

原核生物よりももっと単純なのがウイルスとプリオンである（ただしこの2つは、有機的存在ではあるが非生物とみなされている）。ウイルスは殻の中にある核酸の束で、宿主細胞の外では成長も分裂もできない。多くは真核生物の細胞に寄生している。レトロウイルスは自身のDNAを宿主の染色体に組み込む。細菌に侵入するウイルスはバクテリオファージと呼ばれる。

プリオンには核酸も殻もない。タンパク質の一種であるプリオンは、宿主の細胞の中でも外でも自身を複製する。

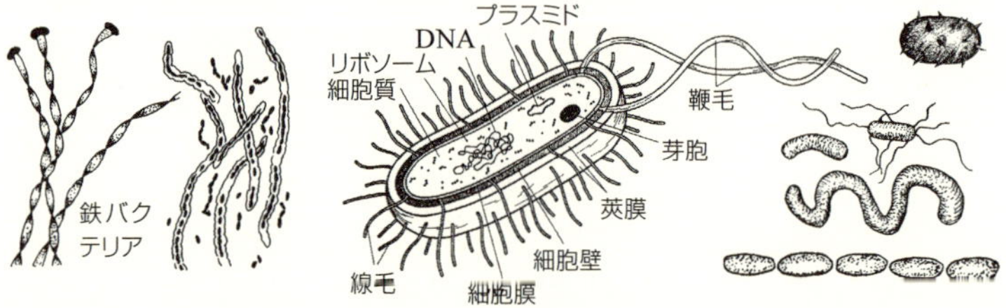

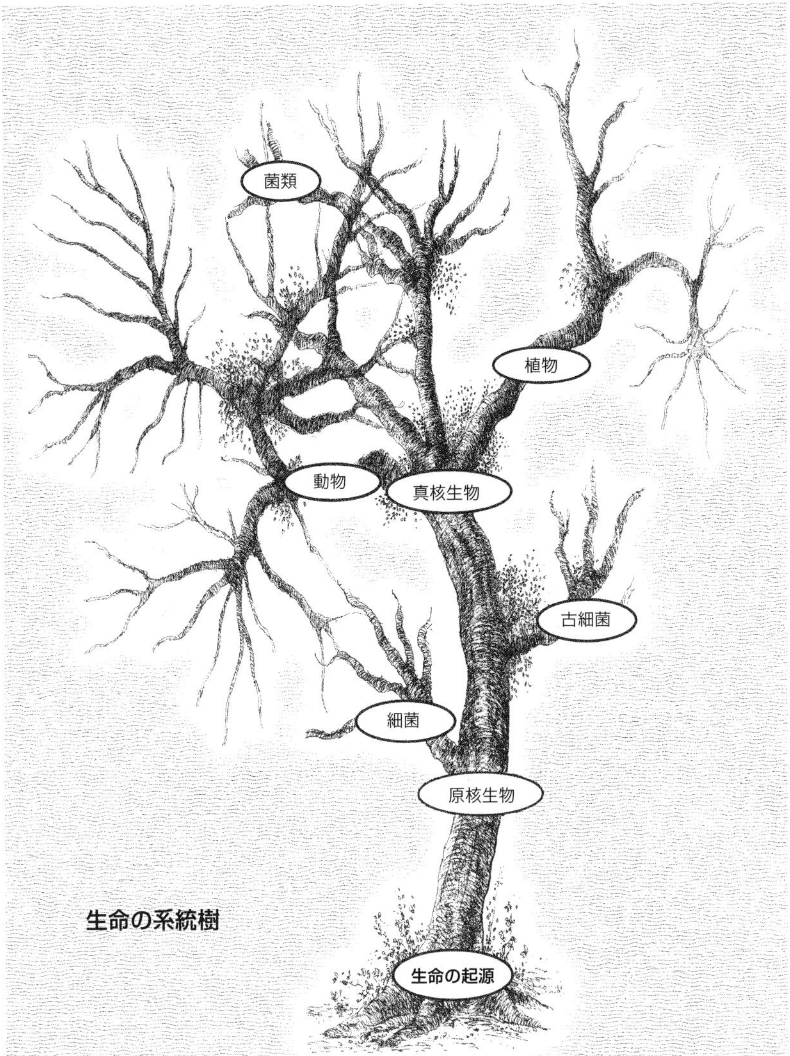
菌類
植物
動物
真核生物
古細菌
細菌
原核生物
生命の系統樹
生命の起源

付録 II　原生生物

原生生物には単細胞のものも多細胞のものもあり、形態的·生態的に異なる2つのグループに分けられる。「原生動物」には動物に似た原生生物が含まれ、菌類はこれに由来する。「原生植物」は植物に似た原生生物で、藻類が中心である。原生生物は、始原の生物が進化によってより複雑な生命体へ進もうとした最初の試みの姿をとどめている。というのも、原生生物には核を持つ細胞があり、まさにそうした「細胞」があらゆる動物、植物、菌類を作る基本材料になっているからである。

菌界にはさまざまな亜界があり、そこに多数の種が存在する。よく知られた亜界のひとつがディカリア亜界で、担子菌門と子嚢菌門の2つに分かれる。担子菌門にはキノコ(毒キノコ、マッシュルーム、サルノコシカケ、ホコリタケ、スッポンタケなど)が含まれ、子嚢菌門にはアミガサタケ、トリュフ、パンや醸造用の酵母菌、地衣類などが属する。菌類の外見で最も目立つ部分は、実は子実体という胞子を作る器官で、生きて成長する菌類の本体は網の目のように張り巡らされた菌糸である。菌糸は古代からある生命組織で、目に見えないが非常に広範囲の広がりを持つこともある。菌類の多くは他の生命体と共存している。

菌類の中には、有性生殖で増えるものも多い。つまり、減数分裂と受精で遺伝子の多様性を生み出し、自然選択によって環境変化に対応した進化がより効率的に起こるようにしている。もっと単純な生命体は通常こうした遺伝子の多様性を必要としない。なぜなら、それらの単純な生命体が選んだ棲息環境は、生命の長い歴史の中で相対的にみれば安定した状態を保ってきたからである。小さな環境変化が起きても、彼らは突然変異と無性生殖での繁殖率の高さで十分に対応してこれた。

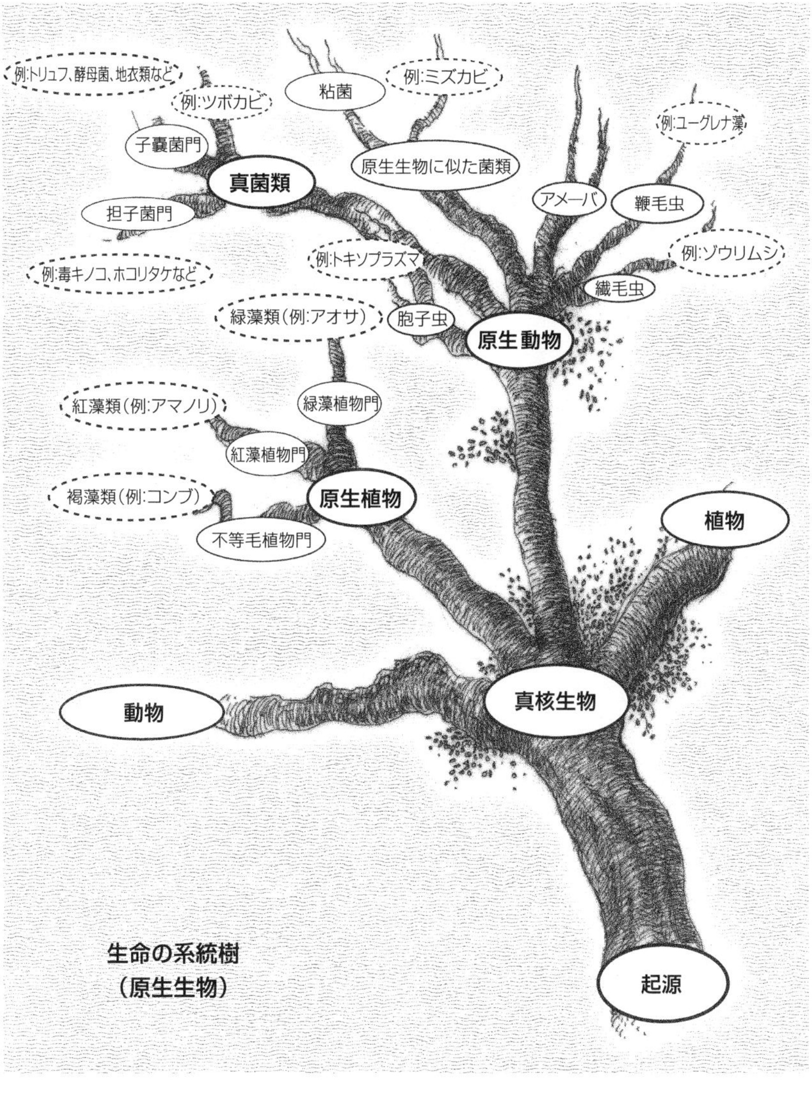
例:トリュフ、酵母菌、地衣類など
例:ツボカビ
粘菌
例:ミズカビ
例:ユーグレナ藻
子嚢菌門
真菌類
原生生物に似た菌類
アメーバ
鞭毛虫
担子菌門
例:トキソプラズマ
例:ゾウリムシ
例:毒キノコ、ホコリタケなど
繊毛虫
緑藻類（例:アオサ）
胞子虫
原生動物
紅藻類（例:アマノリ）
緑藻植物門
紅藻植物門
褐藻類（例:コンブ）
原生植物
植物
不等毛植物門
動物
真核生物
起源

生命の系統樹
（原生生物）

付録III　植　物

植物界と動物界は、互いに、相手がいないと自らも生存できないという動的平衡関係にある。植物は二酸化炭素を吸収して酸素を作り、動物はその反対を行っている。植物は動物のために食物連鎖の最底辺の食糧を提供し、動物はお返しに排泄や分解によって土壌に植物のための栄養分を補給する。植物はまた、ミネラル、水、空気などから栄養素を取り出して新しい養分ストックを生み出す。こうした生物の相互依存こそが地球上の生命の大きな特徴であり、だからこそ地球の生態系全体を大切に扱わなければならない。

植物界は維管束植物と非維管束植物に大別される。維管束植物は根からそれ以外の部分へ液体を運ぶ能力を持ち、従って、地表に水がない場所でも育つことができる。ヒカゲノカズラ、シダ、トクサ、球果植物、ソテツ、イチョウ、イネ科被子植物、イグサ、草本、低木、すべての高木が維管束植物である。胞子の生成から裸の種子へ、次いで殻のある種子や果実へ、という変化ははっきりと進化の道筋に従っており、胚が発芽する際に保護と栄養分を与える方向に進んでいる。一方、非維管束植物には、陸上の単純な植物の大半が含まれる。一般的に小型で日陰を好み、根や茎や葉という構造を持たない。

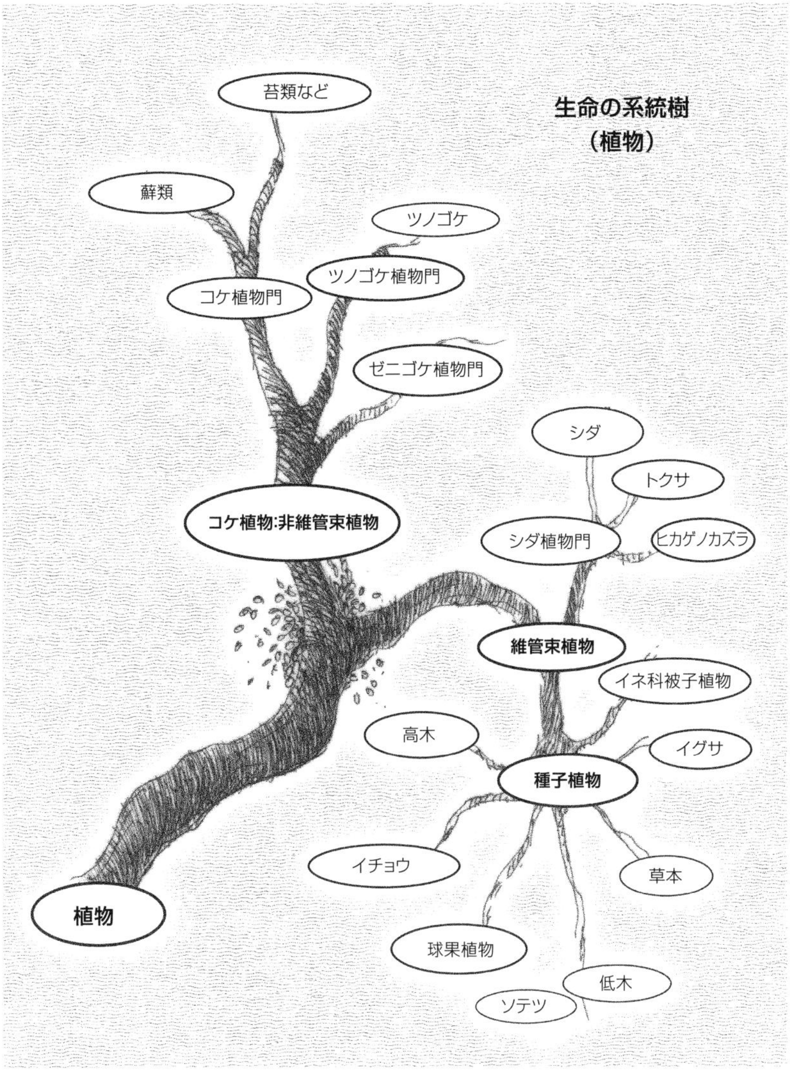
生命の系統樹
（植物）
苔類など
蘚類
ツノゴケ
ツノゴケ植物門
コケ植物門
ゼニゴケ植物門
シダ
トクサ
コケ植物:非維管束植物
シダ植物門
ヒカゲノカズラ
維管束植物
イネ科被子植物
高木
イグサ
種子植物
イチョウ
草本
植物
球果植物
低木
ソテツ

付録 IV　動　物

動物は単純な単細胞生物から複雑な多細胞生物まで非常に幅広い。動物は動くことができる。つまり（少なくとも一生のうちのある時期には）自発的にかつ独立して移動することができる。そして、動物も植物と同様に単細胞や細胞群で構成され、それらの構成要素は互いに連繋し協力して機能している。動物分類の「門」の大部分は、いまからおよそ5億5000万年前のカンブリア紀に海の中で誕生した。

古典的な分類法では、動物界は脊椎動物と無脊椎動物に分けられる。すべての動物種のおよそ97%を占めるのが無脊椎動物で、アメーバ、ヒドラ、海綿、蠕虫（ミミズ、カイチュウなど）、軟体動物（ナメクジ、カタツムリなど）、刺胞動物（クラゲ、イソギンチャク、サンゴなど）、棘皮動物（ウニ、ヒトデなど）、頭足動物（イカ、タコなど）、節足動物（甲殻類、クモ形類、昆虫類）などがここに含まれる。脊椎動物に分類されるのは、魚類、両生類、爬虫類、鳥類、有袋類、哺乳類である。現存している種はどれも、それぞれの進化物語の頂点に立っている。

現代の分類法は、動物界を13の門に分けている。いまのところ最大の門は節足動物門（この中で最も多いのは昆虫）で、命名されている種だけで100万種以上、名前のないものが2000万種ほどいる）。地球上には植物と動物合わせて3000万種前後がいるとされるが、人間は毎年そのうち5万種を絶滅させている。6年で1%を消している勘定である。これは恐竜をはじめ地上の生命種の85%を絶滅させたK-T境界の時代以来、最も速い種の消滅割合である。K-T境界の時には、地上の生命種が回復するまでに3000万年を要した。

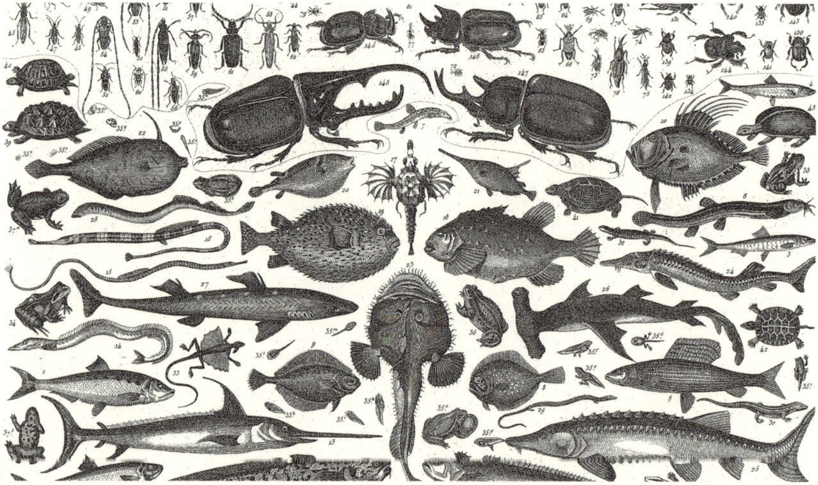

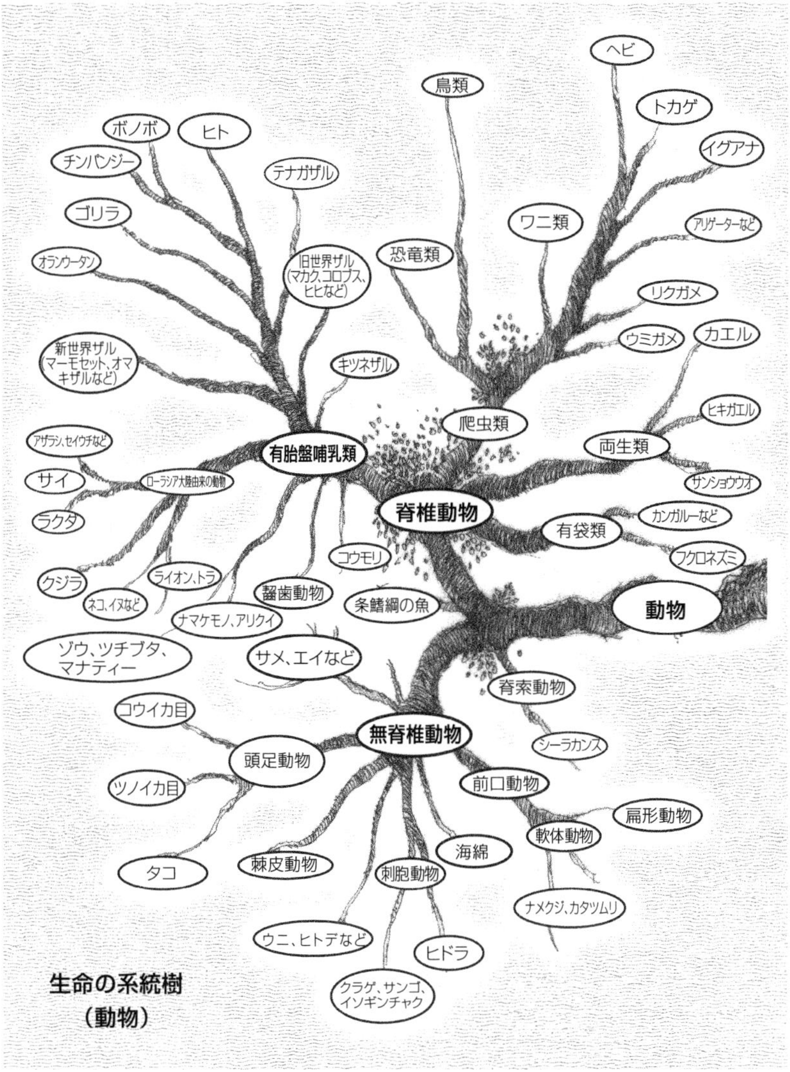
動物
脊椎動物
無脊椎動物
有胎盤哺乳類
爬虫類
両生類
有袋類
ヘビ
鳥類
トカゲ
イグアナ
ボノボ
ヒト
チンパンジー
テナガザル
ワニ類
ゴリラ
アリゲーターなど
恐竜類
オランウータン
旧世界ザル
(マカク、コロブス、
ヒヒなど)
リクガメ
ウミガメ
カエル
新世界ザル
(マーモセット、オマ
キザルなど)
キツネザル
ヒキガエル
アザラシ、セイウチなど
サイ
ローラシア大陸由来の動物
サンショウウオ
カンガルーなど
ラクダ
フクロネズミ
コウモリ
クジラ
ライオン、トラ
齧歯動物
条鰭綱の魚
ネコ、イヌなど
ナマケモノ、アリクイ
ゾウ、ツチブタ、
マナティー
サメ、エイなど
脊索動物
コウイカ目
頭足動物
シーラカンス
前口動物
ツノイカ目
扁形動物
軟体動物
海綿
タコ
棘皮動物
刺胞動物
ナメクジ、カタツムリ
ウニ、ヒトデなど
ヒドラ
クラゲ、サンゴ、
イソギンチャク

生命の系統樹
（動物）

付録Ⅴ　生命の系統発生

年代は、共通の祖先からそれぞれが分かれた時期

200万年後：ホモ・〇〇（新種の人類）？

30万年前〜現在：ホモ・サピエンス

30万年前：ホモ・ネアンデルターレンシス

80万〜30万年前：ホモ・ハイデルベルゲンシス

140万〜20万年前：ホモ・エレクトゥス

190万〜150万年前：ホモ・エルガステル

240万〜190万年前：ホモ・ルドルフエンシス

200万年前：チンパンジーとボノボが共通の祖先から分化

250万〜190万年前：ホモ・ハビリス

300万年前：アウストラロピテクス・アフリカヌス

390万年前：アウストラロピテクス・アファレンシス

400万年前：アウストラロピテクス・アナメンシス

580万〜440万年前：アルディピテクス・ラミドゥス

600万年前：オロリン・トゥゲネンシス

700万年前：ゴリラ

700万〜600万年前：ヒトに似た最初の種が出現（サヘラントロプス・チャデンシスなど）

1400万年前：オランウータン

1800万年前：テナガザル

2500万年前：旧世界ザル（マカク、コロブス、ヒヒなど）

4000万年前：新世界ザル（オマキザル、マーモセット、クモザルなど）

6300万年前：キツネザル

7000万年前：ツパイなど

7500万年前：齧歯動物、ウサギ（4000万年前頃まで祖先を共有）

8500万年前：ローラシア大陸の動物の子孫（ネコ、イヌ、ラクダ、ウマ、アザラシ、クジラ、カバ、コウモリなど）

8000万〜1億500万年前：他の有胎盤哺乳類すべて（ゾウ、マナティー、ツチブタなど）

1億4000万年前：有袋類（カンガルー、フクロネズミなど）

1億8000万年前：単孔類（カモノハシ）

3億〜2億2000万年前：爬虫類と最初の真の鳥類（ウミガメ〈3億年前〉、ワニ類〈2億4000万年前〉、ヘビ〈2億2000万年前〉など）

3億4000万年前：両生類（カエル、ヒキガエル、サンショウウオなど）

4億1500年前：ハイギョ

4億4000万年前：条鰭綱の魚（ニシン、サケ、チョウザメなど）

4億6000万年前：サメとエイ

5億3000万年前：ヤツメウナギ、前口動物、新口動物（扁形動物、有爪動物、軟体動物など）、ホヤ

16億〜10億年前：海綿、有櫛動物（クシクラゲ類）、刺胞動物（クラゲ、サンゴ、イソギンチャクなど）

25億〜16億年前：原生生物、植物、アメーバ、菌類

30億〜25億年前：真正細菌、古細菌

付録VI　用語解説

適応：生物または種が、環境によりよく適合するように変化するプロセス。

染色体：核酸とタンパク質の糸で、ほとんどの生命の細胞核の中にある。染色体に遺伝情報（遺伝子）が乗っている。

乗換え：両親から受け継いだ相同染色体の間で、減数分裂の際に遺伝子のシャッフルが起きること。その結果できるのが配偶子（卵子·精子）。

生態系：互いに関係しあう生物とその周りの物理的環境からなる生物学的共同体のこと。

環境：ヒトや動物や植物が生きて活動する場所を取り巻く条件。

エピジェネティックな形質継承：環境要因のゲノムへの影響を研究する分野で使われる用語。

発現：ある遺伝子が細胞内で活性化している時、その遺伝子が発現しているという。ゲノムが発現したものが表現形である。

遺伝子：DNAの中でタンパク質を作るコードが記された部分。

遺伝子プール：ひとつの種が持つ対立遺伝子セットの総体。

遺伝子型：ある生命体が持つ遺伝子の構成。

配偶子：精子または卵子。

ゲノム：ひとつの種のDNA。

ラマルキズム：ラマルクが述べた説で、後天的に獲得した特徴の一部が子孫に伝わるとする。エピジェネティクスによって再注目された。

減数分裂：細胞分裂の1タイプ。分裂で生じた娘細胞は遺伝子数が親細胞の半分になる。相同染色体同士の間で遺伝子がシャッフルされて多様な配偶子が生まれる。

ミーム：遺伝子に相当する文化的な情報伝達単位。

有糸分裂：細胞分裂の1タイプ。分裂で生じた娘細胞は、親細胞と同じ染色体を同じ数持つ。

生態的ニッチ：生態系の中の種の隙間、空いた場所をさす。

核：細胞内でDNAがある安全な場所。

表現型：生物のDNA情報が外見として現れたもの。例えば、青い目はその人の遺伝情報の表現型である。青い目という特性が情報として遺伝子型に含まれていても、必ず表現型として現れるわけではない。

著者 ● ジェラード・チェシャー

ユニバーシティ・カレッジ・ロンドンで人類の進化を学び、サイエンスライターとなる、子ども向けの生物の本など著書多数。バース在住。

訳者 ● 駒田曜（こまだ よう）

翻訳家。訳書に『公式の世界』『シンメトリー』『錯視芸術』（本シリーズ）など。

進化論《しんかろん》の世界《せかい》 生《い》き物《もの》たちの歴史《れきし》物語《ものがたり》

2011年4月20日第1版第1刷発行

著　者　ジェラード・チェシャー
訳　者　駒田曜
発行者　矢部敬一

発行所　株式会社 創元社
http://sogensha.co.jp/

本　社　〒541-0047 大阪市中央区淡路町4-3-6
Tel.06-6231-9010 Fax.06-6233-3111
東京支店
〒162-0825 東京都新宿区神楽坂4-3 煉瓦塔ビル
Tel.03-3269-1051
印刷所　図書印刷株式会社
装　丁　WOODEN BOOKS／相馬光（スタジオピカレスク）

ISBN978-4-422-21485-6 C0345